JN039800

PyTorch
による
物体検出

新納 浩幸 著

Ohmsha

本書に掲載されている会社名・製品名は、一般に各社の登録商標または商標です。

本書を発行するにあたって、内容に誤りのないようできる限りの注意を払いましたが、本書の内容を適用した結果生じたこと、また、適用できなかった結果について、著者、出版社とも一切の責任を負いませんのでご了承ください。

本書は、「著作権法」によって、著作権等の権利が保護されている著作物です。本書の複製権・翻訳権・上映権・譲渡権・公衆送信権（送信可能化権を含む）は著作権者が保有しています。本書の全部または一部につき、無断で転載、複写複製、電子的装置への入力等をされると、著作権等の権利侵害となる場合があります。また、代行業者等の第三者によるスキャンやデジタル化は、たとえ個人や家庭内での利用であっても著作権法上認められておりませんので、ご注意ください。

本書の無断複写は、著作権法上の制限事項を除き、禁じられています。本書の複写複製を希望される場合は、そのつど事前に下記へ連絡して許諾を得てください。

出版者著作権管理機構
（電話 03-5244-5088，FAX 03-5244-5089，e-mail：info@jcopy.or.jp）

JCOPY ＜出版者著作権管理機構 委託出版物＞

はじめに

　本書では PyTorch というディープラーニングのフレームワークを利用して、物体検出のアルゴリズムである Single Shot multibox Detector（SSD）とその実装方法について解説します。

　本書の目的は 2 つあります。1 つは PyTorch の修得です。PyTorch は 2018 年に Facebook 社が発表したディープラーニングのフレームワークです。define-by-run を採用しているため、柔軟なプログラムが可能であり、世界的に多くのユーザーがいます。そのため、GitHub で公開されるディープラーニングのプログラムも PyTorch で作られたものが沢山あります。今後、ディープラーニングに関わっていく人にとって、必須のフレームワークだと思います。本書はディープラーニングの基本的な仕組みを解説しながら、PyTorch でディープラーニングのプログラムをどのように作成するのかを解説します。これによって PyTorch が修得できると考えています。

　本書のもう 1 つの目的は、物体検出のアルゴリズムである SSD の理解と実装です。ディープラーニングは当初、物体識別において従来手法を大きく上回る精度を出したことから注目されました。その後も物体識別の精度は上がり続け、現在、人間の識別精度を超えたとさえ言われています。ただし、物体識別はどちらかと言えば要素技術であり、物体識別をそのまま現実のシステムに応用することは少なく、実際に必要とされるのは、物体識別を発展させた物体検出の場合が多いと思います。自動運転、外観検査、医療分野の画像診断など、どれも物体検出の応用です。

　本書は物体検出の代表的なアルゴリズムである SSD を解説しながら、PyTorch での実装例を示します。これによって SSD を理解し、自分なりに物体検出のプログラムを作ることができるようになります。また、他人が作ったプログラムを自分の用途に応じて改良することもできるようになるでしょう。

　本書の執筆で気をつけたのは、SSD のアルゴリズムの理解を優先したことです。実は、SSD の核になるアルゴリズムだけを実装しても、思ったような精度は出ません。それなりの精度を出すには、追加的に含める処理が必要です。具

体的には Data Augumentation の導入や、vgg16 の既存モデルの初期値利用です。これらのことをアルゴリズムの部分と同時に説明すると、核の部分の理解の妨げになると考え、それらは別個の話題として第 3 章に記述しました。

　また、物体検出の場合、学習データの読み込みに使う DataLoader を単純な形では利用できません。物体識別などの識別系のタスクでは教師信号が物体名を示すラベルだけですが、物体検出では複雑な構造になるからです。そのため、DataLoader を使った実装は学習データの読み込みが複雑になります。本書では DataLoader を使わず、ベタに 1 つずつデータと教師信号からバッチを作って、ネットワークに渡す実装にしています。DataLoader の利用については第 3 章に記述しました。これによってアルゴリズムの理解が容易になると思います。また、その実装においても第 1 章で記したプログラムのひな型を継承するやり方にし、処理の理解を容易にしました。

　第 3 章では、上記したように核のアルゴリズムから離れていますが、実際には必要となる処理を解説しました。その他 SSD に関連した話題として、評価指標、アノテーションツール、動画への応用、転移学習、弱教師あり学習なども解説しました。

　サンプルプログラムを試しながら、ぜひ PyTorch と物体検出に対する理解を深めてください。

　2020 年 8 月

新　納　浩　幸

本書の実行環境

OS Windows 10 Home

Python 3.7.6

torch 1.5.0

torchvision 0.6.0

cuda 10.2

本書内で使用するプログラムは、オーム社ホームページ内の本書のページからダウンロードできます。

https://www.ohmsha.co.jp/book/9784274225932/

CONTENTS

第 **1** 章

PyTorchによる
プログラミング

1.1 ニューラルネット

　まず、人工知能の問題をニューラルネットを使って解く枠組みを説明します。人工知能の多くの問題は関数推定の問題と見なせます。関数推定は推定すべき関数をいくつかのパラメータを持った関数として表現し、入出力データ（訓練データ）からパラメータを推定することで行われます。そしてニューラルネットもいくつかのパラメータを持った関数と見なせるので、この枠組みでニューラルネットを構築できます。

1.1.1　人工知能と関数推定

　「人工知能」を厳密に定義することは困難です。それは、「知能」とは何かというのを厳密には定義できないからです。ただ、概略として「人工知能」とは「人間が行っている知的な行為をコンピュータに行わせる技術」と捉えてよいでしょう。ここで「知的な行為」自体は観測することができますが、その行為がどういった手順や、どういった仕組みで行われるのかは不明です。結局、この部分を明らかにするのが「人工知能」と言えます。

　こういったよくわからない手順や仕組みといったものを考える場合、その何をやっているかわからないものをブラックボックスの関数と見なすと、問題が明確になります。なぜならそのブラックボックスの関数の入出力は観測できるので、「人工知能」はそのブラックボックスの関数を推定する問題として定式化できるからです（**図 1.1**）。

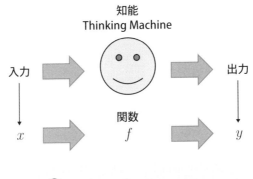

☺（人間）はどういう処理で
「入力」から「出力」を出すのか？
➡ 関数 f を推定する問題

図 1.1 人工知能と関数推定

1.1.2 パラメトリックモデルと回帰

「人工知能」をブラックボックスの関数を推定する問題と見なした場合、その入出力をベクトルで表現できれば、ブラックボックスの関数を数学上の関数として扱えて便利です。

$y = f(x)$ となっている関数 f を推定するといっても、何もないところから f を推定することはできません。通常、f の入出力のペアの集合 $D = \{(x_1, y_1), (x_2, y_2), \cdots, (x_n, y_n)\}$ を利用して f を推定します。D は訓練データと呼ばれます。ただこれだけでも f の推定は困難です。そこで出てくるのが、パラメトリックモデルという方法です。

パラメトリックモデルは、関数 f をいくつかのパラメータを持った式で表現する方法です。例えば関数 f を推定するとき、f は 1 次式になるという想定を行えば、f は $f(x) = ax + b$ の形で表現できます。この「1 次式」がモデルに相当します。またこの式で未知となっているのは a と b であり、これらがパラメータです。パラメータ a と b の値が決まれば、「1 次式」のモデル、つまり f の式が完成します。つまり、関数 f をパラメトリックモデルで表現すれば、f の推定はモデルの持つパラメータの推定に帰着できます。

パラメトリックモデルでは、訓練データ D を利用して関数 f のパラメータ

の推定を行います。これは数学的には回帰と呼ばれる問題です。

$f : R^m \to R^n$ でパラメータ $\boldsymbol{\theta} = (\theta_1, \theta_2, \cdots, \theta_K)$ を持つ関数 $y = f(x; \boldsymbol{\theta})$ に対して、入出力のペアの集合 $D = \{(x_1, y_1), (x_2, y_2), \cdots, (x_N, y_N)\}$ を利用して $\boldsymbol{\theta}$ を推定する問題が回帰です。

1.1.3　ニューラルネットは関数

例えば**図 1.2** のような入力層、中間層、出力層の 3 層からなるニューラルネットを考えてみます。

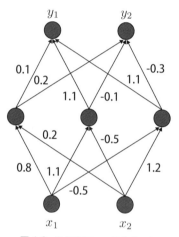

図 1.2　3 層のニューラルネット

入力層のユニットの個数は 2 個ですが、そこに例えば $x_1 = 2$ と $x_2 = 3$ を入れてみます。入力層では各ユニットに入力された値がそのまま出力されます。そしてユニット間に定められた重みが乗じられて、その数値が次の層のユニットに入力されます。例えば中間層の第 1 のユニットには入力層の第 1 のユニットから $0.8 \times 2 = 1.6$ と第 2 のユニットから $0.2 \times 3 = 0.6$ がそれぞれ入力され、それらが総和されて、結果として中間層の第 1 のユニットには 2.2 が入力されます。同様に中間層の第 2 のユニットには 0.7、第 3 のユニットには 2.6 が入力されます。中間層の各ユニットから出力されるのは入力されてきた値自体ではなく、その値に活性化関数を被せた形になります。

　活性化関数としてはさまざまなものがありますが、標準的に利用されるのはシグモイド関数 σ であり、以下の形をしています。

$$\sigma(x) = \frac{1}{1 + e^{-x}}$$

中間層の各ユニットからの出力は、入力にシグモイド関数を被せて、それぞれ $\sigma(2.2) = 0.90$、$\sigma(0.7) = 0.67$、$\sigma(2.6) = 0.93$ となります（**図 1.3**）。

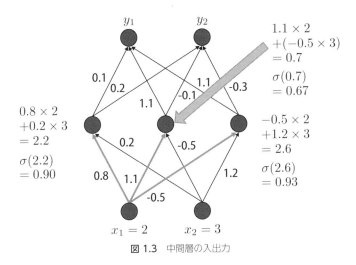

図 1.3　中間層の入出力

　出力層の各ユニットへの入力は、先ほどの入力層から中間層への手順と同じで、1.85 と −0.07 となります。出力層の各ユニットからの出力は、通常、入力された値がそのまま出力されます（**図 1.4**）。

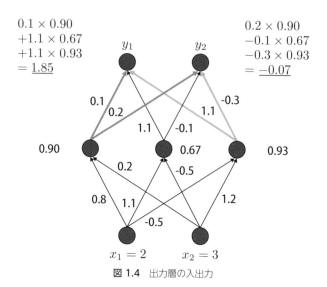

図 1.4 出力層の入出力

　ここで大事なことは、上記のニューラルネットは入力層に与えた 2 つの値 $x_1 = 2$ と $x_2 = 3$ に対して、上記に記した計算が行われ、出力層から $y_1 = 1.85$ と $y_2 = -0.07$ が出力されたということです。つまりこのニューラルネットは 2 次元のベクトル $x = (x_1, x_2) = (2.0, 3.0)$ を 2 次元のベクトル $y = (y_1, y_2) = (1.85, -0.07)$ に変換した関数と見なせるということです。

　入力層から中間層への入力を作る部分と中間層から出力層への入力を作る部分をそれぞれ行列 W_1 と行列 W_2 として表すと、上記のニューラルネットは $y = f(x) = W_2 \sigma(W_1 x)$ と表せます。

$$W_1 = \begin{bmatrix} 0.8 & 0.2 \\ 1.1 & -0.5 \\ -0.5 & 1.2 \end{bmatrix}, \quad W_2 = \begin{bmatrix} 0.1 & 1.1 & 1.1 \\ 0.2 & -0.1 & -0.3 \end{bmatrix}$$

　一般にニューラルネットの層数に関わらず、入力層のユニット数が m 個で出力層のユニット数が n 個のニューラルネットは関数 $f : R^m \rightarrow R^n$ と見なせます。

1.1.4　ニューラルネットのパラメータ

　ニューラルネットは関数と見なせます。ニューラルネットの中間層の数やユ

ニットの数がモデルに相当し、ユニット間の重みがパラメータとなります。

3層のニューラルネットの一般的な形を示しておきます（**図 1.5**）。

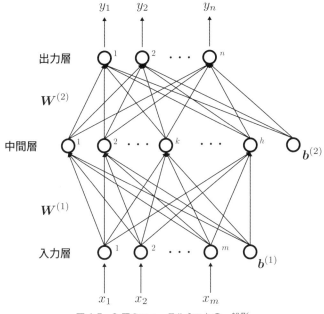

図 1.5 3層のニューラルネットの一般形

　入力層は $m+1$ 個のユニット、中間層は $h+1$ 個のユニット、出力層は n 個のユニットがあります。入力層と中間層にある $\boldsymbol{b}^{(1)}$ と $\boldsymbol{b}^{(2)}$ は、バイアスと呼ばれるものです。バイアスのユニットからユニット i 間には、$b_i^{(1)}$ や $b_i^{(2)}$ という重みが付けられています。そしてバイアスの出力はこの重みになります。つまり、バイアスのユニットへの入力が1に固定されていると考えることもできます。入力層のユニット i から中間層のユニット k には $w_{ki}^{(1)}$ という重み、中間層のユニット k から出力層のユニット j には $w_{jk}^{(2)}$ という重みが付いています[注1]。式で書くと以下です。

$$y = f(x) = W_2\sigma(W_1 x + b_1) + b_2$$

注1　添え字の順に注意してください。a から b のとき w_{ba} です。

モデルのパラメータを確認しておきましょう。パラメータはバイアス $b^{(1)}$ と $b^{(2)}$ および重みの行列 $W^{(1)}$ と $W^{(2)}$ です。パラメータの個数は $b^{(1)}$ で h 個、$b^{(2)}$ で n 個、$W^{(1)}$ で mh 個、そして $W^{(2)}$ で hn 個あるので、合計 $V = h + n + mh + hn$ 個あります。これら V 個のパラメータを θ で表すことにします。

1.2 最急降下法と誤差逆伝播法

ニューラルネットは訓練データから関数を推定する回帰のモデルです。その推定方法が最急降下法です。ニューラルネットの関数のモデルはネットワークなので、この最急降下法がいわゆる誤差逆伝播法と呼ばれるものであることを示します。

1.2.1 ニューラルネットにおける学習と損失関数

ニューラルネットは多数のパラメータを持つ関数と見なせます。つまりニューラルネットの学習も回帰です。パラメータはユニット間の重み θ であり、これを訓練データ D を用いて推定します。

実は、回帰の問題の解き方は決まっています。パラメータを変数とする損失関数を設定して、その損失関数の最小値を与えるパラメータの値（最小解）をパラメータの推定値とします。損失関数はさまざまに設定できるのですが、基本的には以下の自乗誤差が用いられます[注2]。

$$g(\boldsymbol{\theta}) = \frac{1}{2} \sum_{i=1}^{N} \| f(x_i; \boldsymbol{\theta}) - y_i \|^2$$

損失関数を自乗誤差としてパラメータを推定する方法は、最小自乗法と呼ばれます。

1.2.2 最急降下法

損失関数 g の最小解は、通常、解析的には求まりません。ただし最小解の近似値を計算的に求める方法があります。それが最急降下法です。

最急降下法では、まず適当なパラメータの初期値 $\boldsymbol{\theta}^{(0)}$ から始めて、$\boldsymbol{\theta}^{(i)}$ を以下の式により更新していくことで $\boldsymbol{\theta}$ を求めます。

注2　関数の最小解を求めるので 1/2 を掛けることに意味はありませんが、計算の見やすさから入れています。

$$\boldsymbol{\theta}^{(i+1)} = \boldsymbol{\theta}^{(i)} - \alpha \left. \frac{\partial g}{\partial x} \right|_{\boldsymbol{\theta} = \boldsymbol{\theta}^{(i)}}$$

ここで α は学習率と呼ばれるパラメータで、この値が大きいほど更新量が大きくなります。

　参考のために、以下の関数 $f : R^3 \to R$ の最小解を求める最急降下法のプログラムを示しておきます。

$$f(x_1, x_2, x_3) = (x_1 - 2x_2 - 1)^2 + (x_2 x_3 - 1)^2 + 1$$

▌a0.py

```python
import numpy as np

def f(x):  # 関数の定義
    return (x[0] -2 * x[1] -1)**2 + (x[1] * x[2] -1)**2 + 1

def f_grad(x):  # 導関数の定義
    g1 = 2 * (x[0] -2 * x[1] -1)
    g2 = -4 * (x[0] -2 * x[1] -1) + 2 * x[2] * (x[1] * x[2] -1)
    g3 = 2 * x[1] * (x[1] * x[2] -1)
    return np.array([g1, g2, g3])

x = np.array([1.0, 2.0, 3.0])  # 初期値
for i in range(50):  # 50回の繰り返し、この回数は適当
    x = x - 0.1 * f_grad(x)  # 最急降下法
    print("x = ",x,", f = ",f(x))
```

　このプログラムのポイントは、導関数の関数 f_grad の部分以外はほとんど固定的あるいは機械的に書けるということです。つまり、回帰の問題を解くには、導関数をどのように求めるかが重要です。

1.2.3　誤差逆伝播法

　図 1.5 で示した一般のニューラルネットワークのパラメータ $\boldsymbol{\theta}$ を推定するのに最急降下法を用いてみます。

　まず、ニューラルネットワーク自体を関数 $f(x; \boldsymbol{\theta})$ と見なすと、損失関数 g

は以下となります。

$$g(\boldsymbol{\theta}) = \frac{1}{2} \sum_{k=1}^{N} ||f(x_k; \boldsymbol{\theta}) - y_k||^2$$

訓練データの k 番目に対する損失を g_k とすると

$$g_k(\boldsymbol{\theta}) = \frac{1}{2} ||f(x_k; \boldsymbol{\theta}) - y_k||^2$$

であり、$g = \sum_{k}^{N} g_k$ となっています。

最急降下法では本質的に $\frac{\partial g}{\partial \boldsymbol{\theta}}$ が求まればよく

$$\frac{\partial g}{\partial \boldsymbol{\theta}} = \sum_{k=1}^{N} \frac{\partial g_k}{\partial \boldsymbol{\theta}}$$

なので、$\frac{\partial g_k}{\partial \boldsymbol{\theta}}$ が求まればよいことになります。さらに

$$\frac{\partial g_k}{\partial \boldsymbol{\theta}} = \left(\frac{\partial g_k}{\partial \theta_1}, \frac{\partial g_k}{\partial \theta_2}, \cdots, \frac{\partial g_k}{\partial \theta_V} \right)$$

なので、結局、$\frac{\partial g_k}{\partial \theta_i}$ が求めればよいということです。以下、簡単のために g_k を g と表記することにします。

今、層は3つしかありませんが、入力層を第1層、次の層を第2層と出力層に向かって順に数えることにして、一般的な第 l 層のユニット j に注目します（**図 1.6**）。

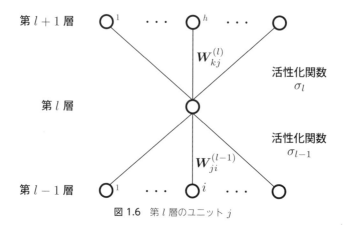

図 1.6 第 *l* 層のユニット *j*

目的は $\frac{\partial g}{\partial \theta_i}$ を求めることでしたが、θ_i は $w_{ji}^{(l-1)}$ あるいは $b_j^{(l-1)}$ のいずれかの形になっているので、$\frac{\partial g}{\partial w_{ji}^{(l-1)}}$ と $\frac{\partial g}{\partial b_j^{(l-1)}}$ を求めればよいことがわかります。

次に第 *l* 層のユニット *j* への入力を $a_j^{(l)}$ とします。このとき、第 *l* 層のユニット *j* からの出力は $\sigma_l(a_j^{(l)})$ となります。また

$$a_j^{(l)} = \sum_i w_{ji}^{(l-1)} \sigma_{l-1}(a_i^{(l-1)}) + b_j^{(l-1)}$$

の関係があるので、合成関数の微分を使うと以下が成立します。

$$\frac{\partial g}{\partial w_{ji}^{(l-1)}} = \frac{\partial g}{\partial a_j^{(l)}} \frac{\partial a_j^{(l)}}{\partial w_{ji}^{(l-1)}} = \frac{\partial g}{\partial a_j^{(l)}} \sigma_{l-1}(a_i^{(l-1)})$$

$$\frac{\partial g}{\partial b_j^{(l-1)}} = \frac{\partial g}{\partial a_j^{(l)}} \frac{\partial a_j^{(l)}}{\partial b_j^{(l-1)}} = \frac{\partial g}{\partial a_j^{(l)}}$$

つまり、$\frac{\partial g}{\partial w_{ji}^{(l-1)}}$ と $\frac{\partial g}{\partial b_j^{(l-1)}}$ を求めるには、$\frac{\partial g}{\partial a_j^{(l)}}$ を求めればよいというわけです。

さらに多変数関数の合成関数の微分を使うと、以下が成立します。

$$\frac{\partial g}{\partial a_j^{(l)}} = \sum_h^L \frac{\partial g}{\partial a_k^{(l+1)}} \frac{\partial a_k^{(l+1)}}{\partial a_j^{(l)}}$$

ここで

$$a_k^{(l+1)} = \sum_j w_{kj}^l \sigma_l(a_j^{(l)}) + b_k^{(l)}$$

なので

$$\frac{\partial a_k^{(l+1)}}{\partial a_j^{(l)}} = \sum_j w_{kj}^{(l)} \sigma_l'(a_j^{(l)})$$

が成立し、結局

$$\frac{\partial g}{\partial a_j^{(l)}} = \sum_k \frac{\partial g}{\partial a_k^{(l+1)}} \sum_j w_{kj}^{(l)} \sigma_l'(a_j^{(l)})$$

となっています。つまり、$\frac{\partial g}{\partial a_j^{(l)}}$ を計算するには、1つ上の層の $\frac{\partial g}{\partial a_k^{(l+1)}}$ を計算できればよいことがわかります。$\frac{\partial g}{\partial a_j^{(l)}}$ は第 l 層のユニット j の誤差を表しています。ですので、出力層の誤差から入力層に向かって、つまり逆向きに、誤差を伝播させていくことでパラメータを求める形になっているため、この手法は誤差逆伝播法と呼ばれます。

なお、最も上位の層となる出力層におけるユニット j の出力が $\sigma_2(a_j^{(3)})$ であり、しかもそれは f_j であるので

$$g = g_k = \frac{1}{2} \sum_{j=1}^n |f_j - y_j|^2$$

であったことに注意すると

$$\frac{\partial g}{\partial a_j^{(3)}} = \frac{\partial g}{\partial f_j} = |f_j - y_j|$$

となり、差分＝誤差というわかりやすい形になります。

1.2.4　ミニバッチ学習と確率的勾配降下法

　最急降下法でパラメータを求める場合、訓練データの個数は関係ありません。損失関数が

$$g(\boldsymbol{\theta}) = \frac{1}{2}\sum_{i=1}^{N}||f(x_i;\boldsymbol{\theta}) - y_i||^2$$

の形であり、$N = 1$ であったとしてもパラメータを推定できます。

　データを 1 つずつ使ってパラメータを推定していく方法をオンライン学習、訓練データのすべてを使ってパラメータを推定する方法をバッチ学習と言います。その中間の方法として訓練データをランダムに K 個に分割しておき、各々の分割されたデータセットでバッチ学習を行う方法をミニバッチ学習と言います。

　ディープラーニングでは一般にミニバッチ学習で行います。具体的には K 個に分割するというよりも、訓練データをランダムに並べて、先頭から M 個ずつ取り出して、最急降下法の更新式を 1 回行ってパラメータを更新します。訓練データを全部使い終わったら、それが学習の 1 epoch に相当します。次の epoch で、再度訓練データをランダムに並べて上記を繰り返します。この学習方法は確率的勾配降下法と呼ばれています。

1.3 Define-by-run と自動微分

　ディープラーニングも関数を推定する回帰の問題であり、最急降下法が使われます。最急降下法では微分値（勾配）を求める部分がポイントです。計算機上は勾配を求めるために計算グラフが利用されます。この計算グラフを動的に構築する仕組みが、define-by-run です。PyTorch は define-by-run を採用しているので、学習モデルを構築することが容易になっています。PyTorch の自動微分を使って、この点を確認してみましょう。

1.3.1　合成関数と計算グラフ

　一般に多変数関数は合成関数として表現できます。この点を見るのに、先ほど出した以下の 3 変数関数を合成関数に変換してみます。

$$z = f(x_1, x_2, x_3) = (x_1 - 2x_2 - 1)^2 + (x_2 x_3 - 1)^2 + 1$$

これはまず $h_1(y_1, y_2) = y_1^2 + y_2^2 + 1$ という関数を考えれば

$$z = f(x_1, x_2, x_3) = h_1(x_1 - 2x_2 - 1, x_2 x_3 - 1)$$

となります。さらに $h_2(z_1, z_2) = z_1 - 2z_2 - 1$、$h_3(u_1, u_2) = u_1 u_2 - 1$ と定義すれば

$$z = f(x_1, x_2, x_3) = h_1(x_1 - 2x_2 - 1, x_2 x_3 - 1) = h_1(h_2(x_1, x_2), h_3(x_2, x_3))$$

となり、関数 f が h_1、h_2、h_3 の合成関数になっていることがわかります。

　また一般に、合成関数は計算グラフで表現できます。計算グラフは丸のノードと四角のノードおよびそれらを向きのあるエッジで結んだグラフです。丸のノードは変数を表し、四角のノードは関数を表します。丸のノードから四角のノードへのエッジは、その変数がその関数の入力になることを表しています。また、四角のノードから丸のノードへのエッジは、その関数の出力がその変数に代入されることを表しています。

例えば先の関数 f は h_1、h_2、h_3 を利用して、**図 1.7** のような計算グラフで表現できます。

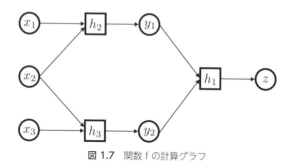

図 1.7 関数 f の計算グラフ

1.3.2 計算グラフを利用した勾配計算

計算グラフを利用すれば、関数の微分を求めることができます。

具体的には関数のノードをはさんだ変数のノード間での微分を考えます。計算グラフにその微分をエッジとして追加すると、**図 1.8** のような計算グラフを作成できます。

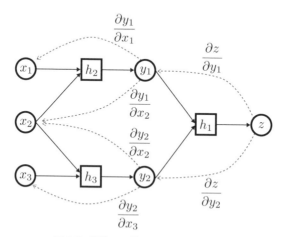

図 1.8 関数 f の微分を含んだ計算グラフ

　ここから例えば $\frac{\partial z}{\partial x_1}$ を導くのは簡単です。変数 z のノードから変数 x_1 の
ノードへ微分のエッジをたどっていけばよいのです。その結果

$$\frac{\partial z}{\partial x_1} = \frac{\partial z}{\partial y_1} \frac{\partial y_1}{\partial x_1}$$

となります。これは合成関数の微分を考えれば、こうなっていることは明らか
です。また、変数 z のノードから変数 x_2 のノードへのように、逆向きにたど
る際に複数のパスがある場合は、パスごとの和になります。

$$\frac{\partial z}{\partial x_1} = \frac{\partial z}{\partial y_1} \frac{\partial y_1}{\partial x_2} + \frac{\partial z}{\partial y_2} \frac{\partial y_2}{\partial x_2}$$

1.3.3　Define-by-run

　ディープラーニングのどのフレームワークでも、関数の微分値を得る必要が
あります。そこでは計算グラフが利用されています。PyTorch の特徴の 1 つ
は、この計算グラフを計算の過程で逐次的に構築している点です。この方式は
define-by-run と呼ばれています。

　一方、計算グラフを構築した後にデータを流して、そこから微分値を得る方
式が define-and-run です。Define-by-run の方式であれば、かなり柔軟に関数
の記述が可能です。例えば関数の中で場合分けがあるようなケースで、計算グ
ラフを予め構築するのはかなり面倒ですが、計算の過程で作っていくのであれ
ば、その場合分けの実際に選択されたケースだけを考えるだけで済みます。

　PyTorch の利用者は、計算グラフや define-by-run について気にする必要は
ありません。それがプログラムの表に出ることはありません。単に仕組みとし
て知っておけば十分です。ただし、PyTorch は define-by-run の方式であるた
めに、微分値を得るには一度、順方向に計算しなければならないことには注意
してください。

1.4 Tensor と NumPy

ディープラーニングで扱うデータは配列です。Python では配列の演算に numpy を利用しますが、PyTorch では tensor を利用します。ここでは numpy との比較を行いながら tensor データの作り方や、tensor に関する演算や関数を解説します。また、numpy との相互の変換も重要です。

numpy を利用するのに numpy を import したように、tensor を利用するには torch を import します。

```
>>> import numpy as np
>>> import torch
```

numpy の import は tensor だけを使うのであれば不要ですが、一緒に使うのが一般的です。

1.4.1　Tensor の作成

配列（型）は tensor では tensor です。要素が 0, 1, 2, 3 となっている tensor（大きさ 4 のベクトル）は、以下のように作成します。これが基本です。

```
>>> torch.tensor([0,1,2,3])
tensor([0, 1, 2, 3])
>>> np.array([0,1,2,3]) # numpyの配列arrayの場合も同じ
array([0, 1, 2, 3])
```

.tensor() の部分を .Tensor() としても同じ操作ができますが、.Tensor() の場合は型が自動で float になることに注意してください。

```
>>> torch.tensor([0,1,2,3])
tensor([0, 1, 2, 3])  # 型はlong
>>> torch.Tensor([0,1,2,3])
tensor([0., 1., 2., 3.]) # 型はfloat
```

　上記は要素のリストを渡していますが、.Tensor() の場合は形状だけを指定することもできます。このとき作成される配列の要素の数値は乱数です。

```
>>> torch.Tensor(2,3)
tensor([[6.0465e+23, 6.9992e+28, 1.4605e-19],
        [1.8469e+25, 1.0901e+27, 2.9557e+21]])
>>> torch.Tensor(3)
tensor([0.0000, 0.0000, 9.9067])
```

　Tensor の作成は要素のリストを渡すことです。ですので、要素が $0, 1, 2, \cdots, 9$ となっている配列は以下のように作成できます。

```
>>> torch.tensor(range(10))
tensor([0, 1, 2, 3, 4, 5, 6, 7, 8, 9])
>>> np.array(range(10))   # numpyの場合も同じ
array([0, 1, 2, 3, 4, 5, 6, 7, 8, 9])
```

　上記を略したものが以下です。

```
>>> torch.arange(10)
tensor([0, 1, 2, 3, 4, 5, 6, 7, 8, 9])
>>> np.arange(10)      # numpyの場合も同じ
array([0, 1, 2, 3, 4, 5, 6, 7, 8, 9])
```

　2×3 の配列（2行3列の行列）は以下のように作成します。行のリストを要素としたリストを渡します。

```
>>> torch.tensor([[0,1,2],[3,4,5]])
tensor([[0, 1, 2],
        [3, 4, 5]])
>>> np.array([[0,1,2],[3,4,5]]) # numpyの場合も同じ
array([[0, 1, 2],
       [3, 4, 5]])
```

配列の形を変えたいときは reshape を使います[注3]。

```
>>> torch.arange(6).reshape(2,3)
tensor([[0, 1, 2],
        [3, 4, 5]])
>>> np.arange(6).reshape(2,3) # numpyの場合も同じ
array([[0, 1, 2],
       [3, 4, 5]])
```

　上記は 1 次元の配列を 2 × 3 の配列に変えました。変更前の元になる配列は 1 次元でなくても構いません。これも numpy と同じです。

```
>>> a = torch.arange(6).reshape(2,3)
>>> a
tensor([[0, 1, 2],
        [3, 4, 5]])
>>> a.reshape(3,2)
tensor([[0, 1],
        [2, 3],
        [4, 5]])
```

　変更先の配列の形は 3 次元以上でも問題ありません。

1.4.2　Tensor と数値の四則演算

　array と数値との四則演算の結果が array になるように、tensor と数値との四則演算の結果は tensor になります。このとき、配列の各要素に対して、その演算が行われることに注意してください。

```
>>> a = torch.arange(5)
>>> a
tensor([0, 1, 2, 3, 4])
>>> a + 2
tensor([2, 3, 4, 5, 6])
```

注3　torch では view でも可能です。

```
>>> a - 2
tensor([-2, -1,  0,  1,  2])
>>> 2 * a
tensor([0, 2, 4, 6, 8])
>>> a / 2.0
tensor([0.0000, 0.5000, 1.0000, 1.5000, 2.0000])
```

　割り算の場合、実数で割るのは問題ありませんが、整数で割る場合は、//を使うようワーニングが出ます。numpy では Python の割り算と同様、整数で割っても結果は実数になります。

```
>>> a = np.arange(5)
>>> a / 2
array([0. , 0.5, 1. , 1.5, 2. ])
```

1.4.3　Tensor どうしの四則演算

　変数 a と b が tensor の場合、a と b の四則演算の結果は当然、tensor となります。配列の各要素には、a と b の対応する各要素に対して、その演算結果が入ります。つまり、この演算が可能なのは、a と b の形状が同じ場合です。

```
>>> a = torch.arange(6).reshape(2,3)
>>> a
tensor([[0, 1, 2],
        [3, 4, 5]])
>>> b = a + 1
>>> b
tensor([[1, 2, 3],
        [4, 5, 6]])
>>> a + b
tensor([[ 1,  3,  5],
        [ 7,  9, 11]])
>>> a - b
tensor([[-1, -1, -1],
        [-1, -1, -1]])
>>> a * b
```

```
tensor([[ 0,  2,  6],
        [12, 20, 30]])
>>> a / b
tensor([[0, 0, 0],
        [0, 0, 0]])
```

a * b に注意してください。これは次に扱う行列積ではありません。

1.4.4 Tensor の行列積

配列の次元が1次元の場合、その配列はベクトルと呼ばれます。配列の次元が2次元の場合、その配列は行列と呼ばれます。ベクトルどうしの乗算が内積です。行列とベクトルの乗算および行列と行列の乗算もあります。これらは四則演算の掛け算を拡張した演算であり、前述した要素どうしの演算とは異なります。また、これらの乗算は一般に行列積と呼ばれ、tensor ではすべて関数 matmul を利用して計算できます。

1次元どうしの行列積が内積です。関数 dot や関数 matmul を利用して計算できます。

```
>>> a0 = torch.tensor([1.,2.,3.,4.])
>>> a1 = torch.tensor([5.,6.,7.,8.])
>>> torch.dot(a0,a1)
tensor(70.)
>>> torch.matmul(a0,a1)
tensor(70.)
```

2次元の配列（行列）と1次元の配列（ベクトル）の行列積の場合、関数 mv や関数 matmul を利用して計算できます。

```
>>> a0 = torch.tensor([1,2,3,4])
>>> a0
tensor([1, 2, 3, 4])
>>> a1 = torch.arange(8).reshape(2,4)
>>> a1
tensor([[0, 1, 2, 3],
```

```
        [4, 5, 6, 7]])
>>> torch.mv(a1,a0)
tensor([20, 60])
>>> torch.matmul(a1,a0)
tensor([20, 60])
```

行列どうしの行列積の場合、関数 mm や関数 matmul を利用して計算できます。

```
>>> a0 = torch.arange(8).reshape(2,4)
>>> a0
tensor([[0, 1, 2, 3],
        [4, 5, 6, 7]])
>>> a1 = torch.arange(8).reshape(4,2)
>>> a1
tensor([[0, 1],
        [2, 3],
        [4, 5],
        [6, 7]])

>>> torch.mm(a0,a1)
tensor([[28, 34],
        [76, 98]])
>>> torch.matmul(a0,a1)
tensor([[28, 34],
        [76, 98]])
```

1.4.5 Tensor のバッチの行列積

行列がいくつか集まった行列のセットが 2 つあり、それらの要素である行列どうしの行列積を求めのはバッチの行列積です。2 次元の配列のセットは 3 次元の配列として表現されるので、一見、3 次元の配列どうしの乗算に見えますが、そうではありません。また、行列のセットの要素数は同じである必要があります。関数としては関数 bmn や関数 matmul を利用します。

```
>>> a0 = torch.arange(24).reshape(-1,2,4)
>>> a0
tensor([[[ 0,  1,  2,  3],
         [ 4,  5,  6,  7]],

        [[ 8,  9, 10, 11],
         [12, 13, 14, 15]],

        [[16, 17, 18, 19],
         [20, 21, 22, 23]]])
>>> a1 = torch.arange(24).reshape(-1,4,2)
>>> a1
tensor([[[ 0,  1],
         [ 2,  3],
         [ 4,  5],
         [ 6,  7]],

        [[ 8,  9],
         [10, 11],
         [12, 13],
         [14, 15]],

        [[16, 17],
         [18, 19],
         [20, 21],
         [22, 23]]])
>>> torch.bmm(a0,a1)
tensor([[[  28,   34],
         [  76,   98]],

        [[ 428,  466],
         [ 604,  658]],

        [[1340, 1410],
         [1644, 1730]]])
>>> torch.matmul(a0,a1)
tensor([[[  28,   34],
```

```
       [  76,   98]],

      [[ 428,  466],
       [ 604,  658]],

      [[1340, 1410],
       [1644, 1730]]])
```

　上記のコードの中に reshape(-1,2,4) という箇所がありますが、この -1 は自動計算できる部分を略記した書き方です。上記の場合、要素数が 24 であり、行列が 2 × 4 なので、行列の個数は 3 であることが自動的に計算されるため、-1 と略記できます。

1.4.6　Tensor を扱う関数

　tensor に対する複雑な関数（例えば log や sin など）は、tensor クラス内のものを使います。どのような関数があるかはマニュアルを参照してください。

https://pytorch.org/docs/stable/tensors.html

```
>>> a = torch.tensor([1.,2.,3.])
>>> torch.sin(a)
tensor([0.8415, 0.9093, 0.1411])
>>> torch.log(a)
tensor([0.0000, 0.6931, 1.0986])
```

　入出力は tensor ですが、入力の tensor の型には注意してください。例えば sin では入力は実数でなければならないので、整数の tensor では以下のようにエラーになります。

```
>>> a = torch.tensor([1,2,3])
>>> torch.sin(a)
Traceback (most recent call last):
  File "<stdin>", line 1, in <module>
RuntimeError: sin_vml_cpu not implemented for 'Long'
```

1.4.7　Tensor の型と型の変換

tensor の型を確認するのは dtype あるいは type() です。dtype の返り値は torch.dtype クラスであり、type() の返り値は str クラスになっています。

```
>>> a0 = torch.tensor([1,2,3])
>>> a0.dtype
torch.int64
>>> a0.type()
'torch.LongTensor'
>>> a1 = torch.tensor([1.,2.,3.])
>>> a1.dtype
torch.float32
>>> a1.type()
'torch.FloatTensor'
```

　所望の型の tensor を得るには、生成時に dtype で型を指定します。あるいは type() を使って tensor の型を変換します。

```
>>> a0 = torch.tensor([1,2,3])
>>> a0.type()
'torch.LongTensor'
>>> a0 = torch.tensor([1,2,3],dtype=torch.float)
>>> a0.type()
'torch.FloatTensor'
>>> a1 = a0.type(torch.LongTensor)
>>> a1
tensor([1, 2, 3])
>>> a1.dtype
torch.int64
>>> a1.type()
'torch.LongTensor'
>>> a0.dtype
torch.float32   ## a0は変化していないことに注意
```

1.4.8 Tensor と NumPy と相互変換

tensor の配列 tensor を numpy の配列 array に変換するには、numpy() を使います。逆に numpy の配列 array を tensor の配列 tensor に変換するには、from_numpy() を使います。

```
>>> a0 = torch.tensor([1,2,3])
>>> a0.dtype
torch.int64
>>> b0 = a0.numpy()
>>> b0.dtype
dtype('int64')
>>> a1 = torch.from_numpy(b0)
>>> a1.dtype
torch.int64
```

注意することとして、配列 tensor に微分の情報が付与されているときには、それを detach() で切り離してからでないと numpy() を使えません。

```
>>> a = torch.tensor([1.], requires_grad=True)
>>> a.dtype
torch.float32
>>> b = a.numpy()  # これはダメ
Traceback (most recent call last):
  File "<stdin>", line 1, in <module>
RuntimeError: Can't call numpy() on Variable ...
>>> b = a.detach().numpy()  # detachしてから変換
>>> b.dtype
dtype('float32')
```

1.4.9 Tensor の結合

例えば 2×3 の 2 つの行列を縦に連結して 4×3 の行列を作成するには、2 つの行列をリストに入れて cat() を使います。横に連結して 2×6 の行列を作るには、dim=1 を指定します。

```
>>> a = torch.zeros(6).reshape(2,3)
>>> b = torch.ones(6).reshape(2,3)
>>> torch.cat([a,b])
tensor([[0., 0., 0.],
        [0., 0., 0.],
        [1., 1., 1.],
        [1., 1., 1.]])
>>> torch.cat([a,b],dim=1)
tensor([[0., 0., 0., 1., 1., 1.],
        [0., 0., 0., 1., 1., 1.]])
```

　同じ形状の複数の配列をリストして、それをバッチにするには stack() を使います。

```
>>> a = torch.zeros(6).reshape(2,3)
>>> b = torch.ones(6).reshape(2,3)
>>> c = b + 1
>>> torch.stack([a,b,c])
tensor([[[0., 0., 0.],
         [0., 0., 0.]],

        [[1., 1., 1.],
         [1., 1., 1.]],

        [[2., 2., 2.],
         [2., 2., 2.]]])
```

1.4.10　Tensor の軸の操作

　軸の削除には squeeze() を用いますが、使う機会はないでしょう。ただし、その逆関数である unsqueeze() は、1つだけの配列をバッチにするときによく使われます。

```
>>> a = torch.arange(6).reshape(2,3)
>>> a
tensor([[0, 1, 2],
```

```
        [3, 4, 5]])
>>> a.unsqueeze(0)  # aは破壊されてバッチになる
tensor([[[0, 1, 2],
         [3, 4, 5]]])
```

軸を入れ替えるには permute() を使います。

```
>>> a = torch.arange(12).reshape(2,2,-1)
>>> a
tensor([[[ 0,  1,  2],
         [ 3,  4,  5]],

        [[ 6,  7,  8],
         [ 9, 10, 11]]])
>>> a.permute(2,0,1)
tensor([[[ 0,  3],
         [ 6,  9]],

        [[ 1,  4],
         [ 7, 10]],

        [[ 2,  5],
         [ 8, 11]]])
```

1.4.11 Tensor と自動微分

　tensor の配列 tensor と numpy の配列 array は、配列の操作だけに限れば大きな違いはありません。ただし、PyTorch によるディープラーニングの学習では tensor を使う必要があります。なぜなら、tensor の配列 tensor は微分値を求められますが、numpy の配列 array にはその機能がないからです。ディープラーニングの学習では微分値を求める処理が必須であり、どのフレームワークを用いても微分値を求められる配列を使う必要があります。そして PyTorch では tensor を用います。

　微分値を求める必要のある tensor は、requires_grad という属性の値を True に設定します。requires_grad のデフォルト値は False です。

```
>>> x1 = torch.tensor([1.], requires_grad=True)
>>> x2 = torch.tensor([2.], requires_grad=True)
>>> x3 = torch.tensor([3.], requires_grad=True)
```

「1.3.1 合成関数と計算グラフ」で示した以下の関数の順方向の計算を行って
みます。

$$z = f(x_1, x_2, x_3) = (x_1 - 2x_2 - 1)^2 + (x_2 x_3 - 1)^2 + 1$$

```
>>> z = (x1 - 2 * x2 - 1)**2 + (x2 * x3 - 1)**2 + 1
```

微分値を求めるには関数 backward() を使います。これによって、その関数
を変数で微分した値を求められます。実際にその微分値は属性 grad で参照で
きます。

```
>>> z.backward()
>>> x1.grad
tensor([-8.])
>>> x2.grad
tensor([46.])
>>> x3.grad
tensor([20.])
```

上記の微分値が正しいことは、以下の式から確認できます。

$$\frac{\partial z}{\partial x_1} = 2(x_1 - 2x_2 - 1) = -8$$

$$\frac{\partial z}{\partial x_2} = -4(x_1 - 2x_2 - 1) + 2x_3(x_2 x_3 - 1) = 46$$

$$\frac{\partial z}{\partial x_3} = 2x_2(x_2 x_3 - 1) = 20$$

この自動微分値の機能を用いて、前出した以下の関数 $f : R^3 \to R$ の最小解
を求める最急降下法のプログラムを書いてみます。

$$f(x_1, x_2, x_3) = (x_1 - 2x_2 - 1)^2 + (x_2 x_3 - 1)^2 + 1$$

▌a1.py

```python
import torch

def f(x1,x2,x3):
    return (x1 -2 * x2 -1)**2 + (x2 * x3 -1)**2 + 1

def f_grad(x1,x2,x3):
    z = f(x1, x2, x3)
    z.backward()
    return (x1.grad, x2.grad, x3.grad)

x1 = torch.tensor([1.], requires_grad=True) # x1初期値
x2 = torch.tensor([2.], requires_grad=True) # x2初期値
x3 = torch.tensor([3.], requires_grad=True) # x3初期値
for i in range(50):
    g1, g2, g3 = f_grad(x1,x2,x3)
    x1 = x1 - 0.1 * g1
    x2 = x2 - 0.1 * g2
    x3 = x3 - 0.1 * g3
    x1 = x1.detach().requires_grad_(True)
    x2 = x2.detach().requires_grad_(True)
    x3 = x3.detach().requires_grad_(True)
    print("x = [",x1.item(),x2.item(),x3.item(),"], f = ",
                f(x1,x2,x3).item())
```

このプログラムで x1 = x1.detach().requires_grad_(True) のように
なっていることに注意してください。ある変数の微分値を 1 回求めたら、次
にその変数の微分値を求めるには、その変数の微分値に関する情報を初期化
しなければなりません。そのため、detach() で微分の情報を外してから、
requires_grad_(True) を行っています。

　上記のプログラムは各変数に関して最急降下法を用いているので、少し冗長
です。変数 x1、x2、x3 をベクトル [x1,x2,x3] としたものが以下です。

a2.py

```python
import torch

def f(x):
    return (x[0] -2 * x[1] -1)**2 + (x[1] * x[2] -1)**2 + 1

def f_grad(x):
    z = f(x)
    z.backward()
    return x.grad

x = torch.tensor([1., 2., 3.], requires_grad=True)

for i in range(50):
    x = x - 0.1 * f_grad(x)
    x = x.detach().requires_grad_(True)
    print("x = ",x.data,", f = ",f(x).item())
```

PyTorch の学習プログラムの作成

PyTorch における標準的な学習プログラムの基本構成要素は、モデルの設定、最適化関数の設定、誤差の算出、勾配の算出、パラメータの更新からなります。最後の 3 つを繰り返すことでパラメータが推定され、モデルが構築されます。ここでは最初に上記の構成要素からなるプログラム全体のひな型を示し、簡単な問題を通して、各手順を解説します。

1.5.1 プログラムのひな型

まず PyTorch のプログラムの全体図を示しておきます（**図 1.9**）。ディープラーニングのプログラムの核の部分は、この形になっています。また、本書のプログラムの核もすべて基本的にこの形です。

(1)
```
データの準備・設定
```

(2)
```
class MyModel (nn.Module):
    def __init__(self):
        super(MyModel, self).__init__()
        利用するnnクラスの関数の宣言
    def forward(self, ……):
        順方向の計算
```

(3)
```
model = MyModel()
optimizer = 最適化アルゴリズム
criterion = 誤差関数
```

(4)
```
for epoch in range(繰り返し回数):
    データの加工(input, targetの作成)
    output = model(input)
    loss = criterion(output, target)
    optimizer.zero_grad()
    loss.backward()
    optimizer.step()
```

(5)
```
結果の出力
```

図 1.9 プログラムのひな型

(1) で学習データを準備します（ここが面倒なことも多いです）。

(2)、(3)、(4) がプログラムの中心となりますが、(2) がモデルを記述する部分です。MyModel はモデルの名前で、適当に名付けて構いません。__init__ と forward の部分は必須です。他にメソッドを追加することも可能です。モデルの書き方や設定方法はいろいろありますが、本書ではこの形をとっています。

(3) はモデルと最適化アルゴリズムを設定する部分です。ほぼお約束の 3 行です。SGD は最適化アルゴリズムです。ほかにもいくつか選択できますが、わからなければ SGD を指定しておけばよいでしょう。

(4) が学習の部分です。問題にもよりますが、かなり時間がかかります。最後の 4 行もほぼお約束です。モデルの forward 関数（順方向の計算）からモデルの出力値を求め、その出力値と教師データを損失関数に与えて、損失値を出し、次に勾配を初期化して、先の損失値から勾配を求め、最後にパラメータを更新します。

(5) が結果の出力です。学習結果のモデルを保存したり、テストを行ったりします。

上記がプログラムの核の部分です。通常は訓練データの一部を評価データとして分離しておき、繰り返しの中でその時点で作られているモデルを評価データを用いて評価します。この評価値によって学習を止めたり、学習中に得られた最良のモデルを出力したりすることができます。ただし、本書では記述が煩雑になるので、この形では記述しません。プログラムの核の部分さえ理解できれば、評価データを使ってそのような処理を追加するのは容易でしょう。

1.5.2　ライブラリの読み込み

標準的に必要になるライブラリは以下の 5 つです。とりあえず最初に書いておきましょう。

| iris0.py

```python
import torch
import torch.nn as nn
import torch.optim as optim
import torch.nn.functional as F
import numpy as np
```

1.5.3 学習データの準備

PyTorch では Dataset クラスを使ってデータを準備し、DataLoader クラスを使って、そのデータを呼び出すという形が基本になっています。これらを使うと前処理なども簡潔に行えて便利なのですが、本書では利用するデータは numpy の形式で予め保存しておき、それを読む込む形にしておきます。その方が応用も容易ですし、プログラムの核の理解がスムーズだからです注4。

最初に、iris データを利用した PyTorch による学習と識別のプログラムを作ってみます。iris データは機械学習のサンプルデータとして最もよく用いられているデータです。150 個のデータからなり、各データはアヤメのデータです。そして、各データは花びらの長さ、幅、がく片の長さ、幅の 4 つの数値、つまり 4 次元のベクトルで表現されています。また、各データにはアヤメの花の種類として setosa（0）、versicolor（1）、virginica（2）とそれぞれに数値がラベルとして与えられています。

150 個のデータのうち、奇数番目のデータを訓練データ（75 個）、偶数番目のデータをテストデータ（75 個）として利用することにします。ここでは訓練データ train-x.npy とそのラベル train-y.npy のファイル、テストデータ test-x.npy とそのラベル test-y.npy のファイルを予め作っておきます。

これらを作るプログラムを以下に示しておきます。train-y が 3 次元のベクトルの列（75 × 3 の行列）になっていることに注意してください。各データのラベルを次元の位置で表しています。例えばラベルが versicolor（1）であれば (0.0, 1.0, 0.0) という具合です。実数値であることにも注意してください。一方、test-y はラベルの列です。

また、損失関数としてクロスエントロピーを使う場合、訓練データの教師データは上記のようにラベルの種類数の次元を持つベクトルではなく、test-y と同じくラベルの列となります。このデータを train-y0 としておきます。

注4　DataLoader の使い方は第 3 章で解説します。

▌mk_irisdata.py

```python
import numpy as np
from sklearn import datasets

iris = datasets.load_iris()
X = iris.data.astype(np.float32)
Y = iris.target.astype(np.int64)
N = Y.size
Y2 = np.zeros(3 * N).reshape(N,3).astype(np.float32)

for i in range(N):
    Y2[i,Y[i]] = 1.0

index = np.arange(N)
np.save('train-x', X[index[index % 2 != 0]])
np.save('train-y', Y2[index[index % 2 != 0]] )
np.save('test-x', X[index[index % 2 == 0]])
np.save('test-y', Y[index[index % 2 == 0]])
np.save('train-y0', Y[index[index % 2 != 0]])
```

　これらを保存したファイルがあるとして、プログラムのひな型の (1) の部分に相当するのは、以下になります。

▌iris0.py

```python
train_x = torch.from_numpy(np.load('train-x.npy'))
train_y = torch.from_numpy(np.load('train-y.npy'))
test_x = torch.from_numpy(np.load('test-x.npy'))
test_y = torch.from_numpy(np.load('test-y.npy'))
```

1.5.4　モデルの設定

　図 1.10 のような通常のニューラルネットワークでモデル化してみます。

　入力は 4 次元なので、入力層はバイアスのほかに 4 つのユニットがあります。中間層にいくつのユニットを置くかが問題ですが、ここではバイアスのユニット以外に 6 つのユニットを置きました。出力層は 3 値分類になっているので、3 つのユニットになります。

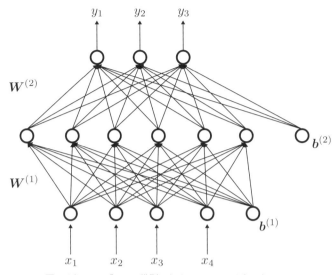

図 1.10 iris データの識別のためのニューラルネットワーク

　このモデルを PyTorch では以下のように設定します。プログラムのひな型の (2) の部分に相当します。

iris0.py

```
class MyIris(nn.Module):
    def __init__(self):
        super(MyIris, self).__init__()
        self.l1=nn.Linear(4,6)
        self.l2=nn.Linear(6,3)
    def forward(self,x):
        h1 = torch.sigmoid(self.l1(x))
        h2 = self.l2(h1)
        return h2
```

　`__init__`には、利用する nn クラスの関数を列挙します。forward には順方向の計算を記述します。

　なお、ディープラーニングのネットワーク図としては、**図 1.10** のように各ユニットを示した図ではなく、層を中心にして描いた**図 1.11** のような図が一般的です。この形の方が、層が合成関数を構成する各関数になっていることを

よく表しています。

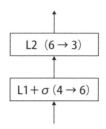

図1.11 層を中心に描いたニューラルネット図

1.5.5 モデルの生成、最適化アルゴリズムと損失関数の設定

プログラムのひな型の (3) の部分では、最初にモデルのインスタンスを作ります。これは次の 1 行です。

▌iris0.py

```
model = MyIris()
```

次に、最適化アルゴリズムを設定します。これも次の 1 行です。

▌iris0.py

```
optimizer = optim.SGD(model.parameters(),lr=0.1)
```

SGD は確率的勾配降下法です。他の最適化アルゴリズムを設定することもできます。どのような最適化アルゴリズムがあるかは、以下のマニュアルを参照してください。

https://pytorch.org/docs/stable/optim.html

optim.SGD() の第 1 引数に、学習対象となるパラメータを設定します。通常は生成したモデルのパラメータが対象なので、それらは model.parameters() により得られます。複雑な学習プログラムで、モデルが複数個になったり、モデルの全パラメータではなく特定箇所のパラメータだけを学習対象にしたいと

きには、この第 1 引数の部分の調整が必要です。

　上記例の lr=0.1 は、最適化アルゴリズム SGD のパラメータです。この場合は学習率ですが、どのようなパラメータがあるかはマニュアルを調べる必要があります。この部分のパラメータをうまく設定することは重要なのですが、適切な値を見つけるには試行錯誤するしかありません。

　プログラムのひな型の (3) の最後として損失関数を設定しますが、回帰の問題の場合、自乗誤差を用いますので、以下の 1 行となります。

▌iris0.py

```
criterion = nn.MSELoss()
```

　後述しますが、回帰ではなく識別の問題の場合には、クロスエントロピーの nn.CrossEntropyLoss() を使います。

1.5.6　学習

　プログラムのひな型の (4) は学習ですが、これは最急降下法の説明で示した手順そのものです。つまり、訓練データから現在のモデルを使って得られた出力値と訓練データにある真の出力値との誤差を得て、損失関数に対する変数（この場合はパラメータ）の微分値を求めて、変数（この場合はパラメータ）を更新するという処理を繰り返します。

　実際のコードは以下のようになります。

▌iris0.py

```
for i in range(2000):
    output = model(train_x)
    loss = criterion(output,train_y)
    print(i, loss.item()) ## 誤差が減ることを確認
    optimizer.zero_grad()
    loss.backward()
    optimizer.step()
```

　上記のコードの 2000 はエポックと呼ばれる数で、全データを何回繰り返

すかを示しています注5。model に対する順方向の計算は model(train_x) で得られます。誤差は設定した損失関数を使って求めます。optimizer. zero_grad() は微分値の初期化です。微分値を求める際には必ず実行する 必要があります。loss.backward() で微分値が求まります。optimizer. step() で optimizer に設定されたパラメータが更新されます。

1.5.7　テスト

　学習により構築したモデルを実際に利用する処理は、学習のプログラムの中 で行う必要はありません。通常、学習のプログラムでは構築したモデルを保存 し、実際のタスクを解くときに、保存してあるモデルを読み込んで使います。

　モデルを保存する場合は以下を実行します。

▌iris0.py
```
torch.save(model.state_dict(),'my_iris.model')
```

　保存してあるモデルを呼び出して使いたいときは以下です。

▌iris0.py
```
model.load_state_dict(torch.load('my_iris.model'))
```

　ここでは説明のためにプログラムのひな型の (5) として、学習のプログラム と一緒に利用例（テストデータの識別）を書いています。処理は基本的にテス トデータをモデルに与えて、forward の計算を行わせるだけです。ただし注意 として、テストでは学習のときのように微分値（勾配）を求める必要がないの で、以下の 2 行を追加します。

▌iris0.py
```
model.eval()
torch.no_grad()
```

　torch.no_grad() により微分の計算を行わなくなります。通常はその処理

注5　この場合の 2,000 回というのは適当です。10 回でよいときもあれば、1,000,000 回繰り返すこと もあります。

は一時的なものが多いので、後処理をして状態を戻す Python の with と一緒
に使います。

　また、model.eval() と torch.no_grad() のどちらも必須というわけでは
ないのですが、必要である場合もありますし、これらを行っても害はないの
で、通常、テストを行う場合にはこの 2 つは実行しておくのがよいでしょう。
実際のコード例は以下です。

▍iris0.py

```
model.eval()
with torch.no_grad():
    output1 = model(test_x)
    ans = torch.argmax(output1,1)
    print(((test_y == ans).sum().float() / len(ans)).item())
```

　最後の 2 行は少し入り組んでいますが、正解率を出しているだけです。ベタ
に 1 つずつ正解と同じかどうかを確認しても問題ありません。

1.5.8　ミニバッチ

　先の例では、1 回のパラメータ更新ごとに 75 個の訓練データすべてを使っ
ています。つまり、バッチ処理でした。今度は、1 回のパラメータ更新にはラ
ンダムに取り出した 25 個の訓練データを使う形にしてみます。これは前に説
明したミニバッチという手法です。

　ミニバッチ用に訓練データをセットする Python のコードは定石化してお
り、先のコードのパラメータを更新する繰り返し部分を、以下のように変更す
るだけです。

▍iris1.py

```
n = 75    ##  データのサイズ
bs = 25   ##  バッチのサイズ
for i in range(1000):  ## エポック数はまた適当
    idx = np.random.permutation(n)
    for j in range(0,n,bs):
        xtm = train_x[idx[j:(j+bs) if (j+bs) < n else n]]
        ytm = train_y[idx[j:(j+bs) if (j+bs) < n else n]]
```

```
output = model(xtm)
loss = criterion(output,ytm)
print(i, j, loss.item())
optimizer.zero_grad()
loss.backward()
optimizer.step()
```

numpy の permutation という関数を使うのが定石です。これは引数を n として、0 から $n - 1$ までの数値をシャッフルします。これによりランダムにバッチサイズ分のデータを訓練データから順に取り出せます。

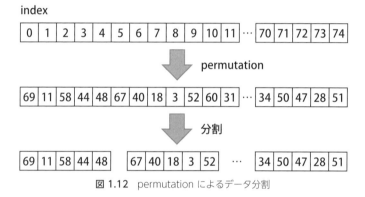

図 1.12 permutation によるデータ分割

1.5.9 クロスエントロピー

先のプログラムでは損失関数に平均自乗誤差 nn.MSELoss() を用いましたが、平均自乗誤差は回帰の問題、つまり出力値が連続値である場合に用いる損失関数です。識別の問題は出力値がラベル、つまり離散的な値となります。この場合は損失関数としてクロスエントロピー nn.CrossEntropyLoss() を用いる方がよいです。この iris の問題は識別の問題ですが、先のプログラムでは回帰の問題として扱って解いていました。識別の問題として解く場合は、損失関数としてクロスエントロピーを用いる方がよいです。

注意として、クロスエントロピーを用いる場合、教師データは整数値となります。ラベルの種類が K 個であれば、0 から $K - 1$ までの整数値です。ただし、ネットワークの最終層のユニット数がラベルの種類数になることには変わ

りありません。

| iris2.py

```
#  iris1.pyとの差分
...
# train_y = torch.from_numpy(np.load('train-y.npy'))
train_y = torch.from_numpy(np.load('train-y0.npy'))
...
# criterion = nn.MSELoss()
criterion = nn.CrossEntropyLoss()
...
```

1.5.10 nn.Sequential による モデル設定と生成

プログラムのひな型の (2) の部分でモデルの設定を行いますが、先ほどは Python のクラスを作ってモデルを設定しました。この場合、データを変換していく各層に名前を付けて区別する必要がありましたが、それらの連続した手順をまとめて 1 つの層のように扱うモデルの設定方法があります。それが nn.Sequential です。

iris2.py では、以下のようにモデル設定と生成を行いました。

| iris2.py

```
class MyIris(nn.Module):
    def __init__(self):
        super(MyIris, self).__init__()
        self.l1=nn.Linear(4,6)
        self.l2=nn.Linear(6,3)
    def forward(self,x):
        h1 = torch.sigmoid(self.l1(x))
        h2 = self.l2(h1)
        return h2


...
model = MyIris()
...
```

nn.Sequential を使うと、この部分が以下のように簡単になります。

▌iris3.py

```
model = nn.Sequential(
    nn.Linear(4,6),
    nn.Sigmoid(),
    nn.Linear(6,3)
    )
```

活性化関数も nn クラスのものを用いて forward を書く形になっています。

1.5.11 nn.ModuleList によるモデル設定と生成

前述の nn.Sequential を用いると、プログラムのひな型の (2) の部分でデータを変換していく各層に名前を付ける必要がなくなります。同じような形で nn.ModuleList を使った書き方もあります。これは、各層をリストとして表して、そのリストのインデックスによって層を参照する書き方です。

iris2.py では以下のようにモデル設定と生成を行いました。

▌iris2.py

```
class MyIris(nn.Module):
    def __init__(self):
        super(MyIris, self).__init__()
        self.l1=nn.Linear(4,6)
        self.l2=nn.Linear(6,3)
    def forward(self,x):
        h1 = torch.sigmoid(self.l1(x))
        h2 = self.l2(h1)
        return h2

...
model = MyIris()
...
```

nn.ModuleList を使うと、この部分が以下のようになります。

iris4.py

```python
class MyIris(nn.Module):
    def __init__(self):
        super(MyIris, self).__init__()
        self.iris=nn.ModuleList(
            [nn.Linear(4,6), nn.Sigmoid(), nn.Linear(6,3)]
        )
    def forward(self,x):
        for i in range(len(self.iris)):
            x = self.iris[i](x)
        return x
```

この例では層のリストの要素を 1 つずつ書いているので nn.ModuleList を使うありがたみがないのですが、沢山の層を繰り返しの処理によって記述する場合に威力を発揮します。

1.5.12 GPU の利用

PyTorch で GPU を使うには、まずそのマシンに CUDA がインストールされている必要があります。CUDA がインストールされているなら、PyTorch で GPU を使うのは簡単です。以下の 2 点を行うだけです。

- tensor の配列を.to('cuda:0') により GPU に移動させる[注6]
- モデルを.to('cuda:0') により GPU に移動させる

GPU を使わずに明示的に CPU を使う場合は、.to('cuda:0') を.to('cpu') とします。以下のような 1 行を最初に書いておいて、tensor の配列やモデルに対しては常に.to(device) とするのがよいでしょう。この場合、GPU が使えたら GPU、そうでなければ CPU と自動的に切り替えられます。

iris5.py

```python
device = torch.device("cuda:0"
                if torch.cuda.is_available() else "cpu")
```

注6　'cuda:0' は、そのマシンに搭載されている 1 枚目の GPU を表します。

iris2.py のプログラムを GPU を使ったものに置き換えると、以下のよう
になります。

iris5.py

```
# iris2.pyとの差分
...
device = torch.device("cuda:0" \
           if torch.cuda.is_available() else "cpu")
...
# train_x = torch.from_numpy(np.load('train-x.npy'))
# train_y = torch.from_numpy(np.load('train-y0.npy'))
# test_x = torch.from_numpy(np.load('test-x.npy'))
# test_y = torch.from_numpy(np.load('test-y.npy'))

train_x = torch.from_numpy(np.load('train-x.npy')).to(device)
train_y = torch.from_numpy(np.load('train-y0.npy')).to(device)
test_x = torch.from_numpy(np.load('test-x.npy')).to(device)
test_y = torch.from_numpy(np.load('test-y.npy')).to(device)


...
#model = MyIris()
model = MyIris().to(device)
...
```

1.6 畳み込みニューラルネットワーク

本節では、物体認識の精度を飛躍的に向上させた畳み込みニューラルネットワーク（Convolution Neural Network：CNN）の仕組みを解説し、PyTorch による実装例を示します。物体検出のプログラムを書く際には必ず必要になる知識です。

1.6.1 NN と CNN

まず CNN の概略を知るために、通常のニューラルネットワーク（Neural Network; NN）と CNN を比較してみましょう。**図 1.13** 左が通常の NN、右が CNN です。

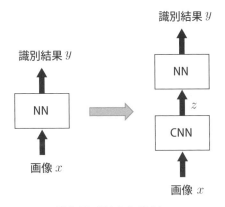

図 1.13 NN から CNN へ

どちらも入力画像 x からその識別結果 y を出力しますが、CNN の方は、CNN と書かれたネットワーク部分を経て x を z に変換してから、NN に入力しています。CNN の識別の精度が NN よりも高いのは、NN の学習部分が効果的になるように x を z に変換しているからです。

より学習が効果的になるように変換するとは、どういうことでしょうか。これは本質的には、識別に効果がある特徴を抽出することを意味します。ディープラーニング以前の機械学習では、どのような特徴が識別に効果があるかは経

験的に人間が手作業で設計する作業でしたが、CNN は上記の変換部分を自動で行うことができます。これが非常に画期的なことで、現在のディープラーニングを生み出したと言えます。

1.6.2 畳み込み

CNN の中心となる仕組みは、畳み込みという処理です。ここではこの処理を解説します。

まず、CNN の入力となる画像について述べます。画像はその画像の点（ピクセル）の集合です。ここでは簡単に、白黒画像で縦横 9 ピクセルからなる画像を例にします。すると、この画像は 9×9 の行列で表現できます。白黒なので、ここでは白を 0、黒を 1 とすれば、行列の要素は 0 か 1 の値となります[注7]。例として、**図 1.14** のような画像を考えてみましょう。数字の「2」の画像です。

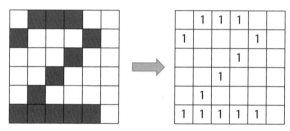

図 1.14 数字「2」の画像の例

次に、フィルターと呼ばれる画像の特徴を抽出する小さな画像を用意します。ここでは**図 1.15** のような 3×3 の行列のフィルターを考えてみます。

図 1.15 フィルターの例

続いてこのフィルターを先の数字「2」の画像の左上の部分に合わせて、重なっている 9 個のセル各々に対して、それらのセルの数値を掛け算します。そ

注7 ハードウェアの観点では、0 が光がない状態で黒、1 が光がある状態で白と表すのが普通です。ここでは紙面の観点での説明として逆にしています。

して、この9個の掛け算の結果を合計します。この例の場合、画像とフィルターのどちらかのセルが0であれば掛け算の結果は0になるので、画像とフィルターの両方が1になっている部分（右上のセル）だけが1になり、その他は0なので、合計値は1となります（**図1.16**）。

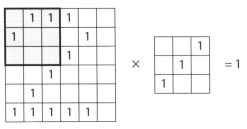

図 1.16　フィルターを当てて特徴抽出 (1)

　次に、このフィルターを1セル分右にずらします。そしてまた先の処理（重なっているセルを掛け算して合計をとるという処理）を行います。今度も合計値は1になります（**図1.17**）。

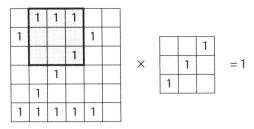

図 1.17　フィルターを当てて特徴抽出 (2)

　このようにフィルターを順にずらしていき、右まで移動したら、1セル分下げて、右にずらしていくという処理を繰り返します。最終的に右下の部分まで移動したら終了です。そして各合計値からその結果の行列を作成します（**図1.18**）。

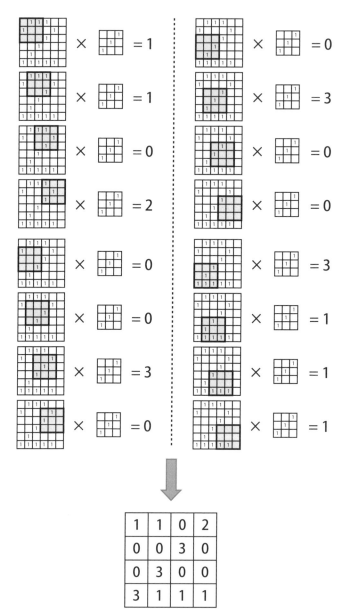

図 1.18 フィルターを当てた特徴抽出の結果の行列

この処理が、畳み込みと呼ばれるものです。畳み込みにより得られた行列

は、元の画像の各領域部分にどの程度フィルターと類似している画像が存在していたかを表しています。この例では、数値「3」のセルを持つ左斜めの部分に、このフィルターと類似部分があることがわかります（**図 1.19**）。

画像の各領域にどの程度フィルターと
近い画像が存在するか、を表す

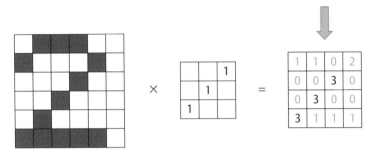

図 1.19　畳み込みの結果

1.6.3　Max Pooling

CNN では、上記の畳み込みの後にさらに Max Pooling と呼ばれる領域を圧縮する処理を行います。例えば畳み込まれた行列を 2 × 2 の領域に区切り[注8]、各領域の中の最大値をその領域の値とします（**図 1.20**）。

図 1.20　Max Pooling

以上の畳み込みと Max Pooling をセットとした処理が、ネットワークの１つの層になっています。このセットの層をさらに何層か重ねたものが CNN です。

注8　この例だと誤解されやすくなっていますが、全体を 2 × 2 に分割するという意味ではなく、2 × 2 の領域の行列で区切っていくという意味です。

1.6.4　学習の対象

　CNN の場合、学習の対象はフィルターです。ここまでの例では固定した
フィルター1個を使って説明してきました。フィルターを使って畳み込みの処
理を行った結果は、入力画像をそのフィルターで特徴付けたデータになってい
ます。そしてこのデータを通常の NN に渡し、教師データとの誤差から誤差逆
伝播法を用いて NN のパラメータが更新されますが、それと同時にフィルター
自体も更新されていきます（**図 1.21**）。

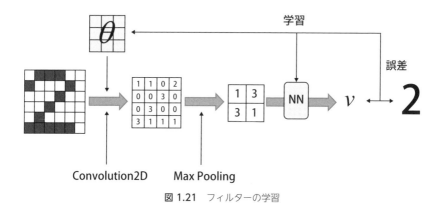

図 1.21　フィルターの学習

　また、フィルターは前述の例では 1 つでしたが、通常の CNN ではフィル
ターを沢山用意します。そして、各フィルターが識別に効果的な各特徴を表す
ように更新されていきます。

1.6.5　NN による画像識別

　PyTorch で CNN のプログラムを作る前に、比較のために NN のプログラム
も作ってみましょう。
　使うデータは MNIST という有名な手書き数字の画像データです。各データ
は 28 × 28 ピクセルの白黒画像です。60,000 枚の訓練データと 10,000 枚のテ
ストデータからなります。ラベルは 0 から 9 の数値です。MNIST の訓練画像
データは torchvision から datasets を import して以下の形で取り出せま
す。train が True ならば訓練データを取り出し、False ならばテストデータ
を取り出します。

▌mnist_nn.py

```
from torchvision import datasets
...
dataset = datasets.MNIST('./mnistdata', train=True, download=True)
```

　データ自体は dataset.data として取り出し、これは tensor の配列で形状としては $(60000, 28, 28)$ となっています。また、ラベルデータは dataset.targets として取り出し、これは tensor の配列で形状としては $(60000,)$ です。データは $(60000, 784)$ の形状に変換し、各要素の値は 0.0 から 1.0 の値に直しておきます。データを読む込む部分は以下のようになります。

▌mnist_nn.py

```
x0 = dataset.data.reshape(60000,-1) / 255.0
y0 = dataset.target
```

　画像は $1 \times 28 \times 28 = 784$ の大きさなので、入力層の次元数は 784 です。また、出力層はラベルが 0 から 9 の 10 種類なので 10 次元です。構築する NN は 4 層として、以下のようなモデルでやってみましょう。

▌mnist_nn.py

```
class MyNN(nn.Module):
    def __init__(self):
        super(MyNN, self).__init__()
        self.l1=nn.Linear(784,100)
        self.l2=nn.Linear(100,100)
        self.l3=nn.Linear(100,10)
    def forward(self,x):
        h = F.relu(self.l1(x))
        h = F.relu(self.l2(h))
        return self.l3(h)
```

　学習の部分は以下のようになります。各エポックごとにモデルを保存して、10 エポックまで学習しています。

▌mnist_nn.py

```python
n = len(y0)
bs = 200
for j in range(10):
    idx = np.random.permutation(n)
    for i in range(0, n, bs):
        x = x0[idx[i:(i+bs) if (i+bs) < n else n]].to(device)
        y = y0[idx[i:(i+bs) if (i+bs) < n else n]].to(device)
        output = model(x)
        loss = criterion(output,y)
        optimizer.zero_grad()
        loss.backward()
        optimizer.step()
    outfile = "nn-" + str(j) + ".model"
    torch.save(model.state_dict(),outfile)
    print(outfile," saved")
```

　テストデータを評価するには、以下のように一度に全部評価します。

▌mnist_nn_test.py

```python
...
import sys
argvs = sys.argv
...
xtest =
np.load('mnist_test_x.npy').reshape(10000,784).astype(np.float32)
yans = np.load('mnist_test_y.npy').astype(np.int64)
...
model.load_state_dict(torch.load(argvs[1]))

# Test
model.eval()
with torch.no_grad():
    y1 = model(xtest)
    ans = torch.argmax(y1,1)
    print(((ytest == ans).sum().float()/len(ans)).item())
```

　mnist_nn.py を 10 エポックまで学習したモデルを上記のプログラムで評価すると、結果は 0.9659 でした。単純な NN でもかなり精度が高いことがわかります。

```
$ python mnist_nn_test.py nn-9.model
0.9659000039100674
```

1.6.6　CNN による画像識別

　PyTorch で CNN を実装する場合、畳み込みと Max Pooling の処理をどう書くかだけがポイントです。基本的に使うのは nn.Conv2d と nn.MaxPool2d です。

　先ほどの mnist_nn.py の NN のモデルの部分を、以下のような CNN のモデルに変更しました。このモデルを例に上記 2 つの関数を説明します。

▌mnist_cnn0.py

```python
class MyCNN(nn.Module):
    def __init__(self):
        super(MyCNN, self).__init__()
        self.cn1 = nn.Conv2d(1, 20, 5)
        self.pool1 = nn.MaxPool2d(2)
        self.cn2 = nn.Conv2d(20, 50, 5)
        self.fc = nn.Linear(3200, 10)  # 50*8*8 = 3200
    def forward(self, x):
        x = F.relu(self.cn1(x))
        x = self.pool1(x)
        x = F.relu(self.cn2(x))
        x = x.view(len(x), -1) # Flatten
        return self.fc(x)
```

　このモデルは 4 層のネットワークになっています。入力層である第 1 層と第 2 層をつなぐのが cn1、第 2 層と第 3 層をつなぐのが cn2、そして第 3 層と第 4 層をつなぐのが fc となっています。fc の部分の解説は不要でしょう。ただし、fc の入力となるベクトルの次元が 3200 となっているのは、適当に決めたわけではなく、cn1 と cn2 の設定から計算したものです。

　畳み込みの関数は nn.Conv2d により定義します。self.cn1　=　nn.Conv2d(1,20,5) により cn1 が畳み込みの関数となります。関数 cn1 の入出力とパラメータを nn.Conv2d(1, 20, 5) の引数から定義しています。

　第 1 引数は入力画像のチャンネル数です。ここでいうチャンネル数というのは、重ね合わせられた画像の枚数です。通常、画像は平面的なイメージなので常に 1 のようにも感じますが、画像がカラーだとその画像は (R, G, B) の 3 色の画像からなっており、R の画像、G の画像、B の画像の 3 枚の画像が重なっているものです。ですので、入力画像がカラーの場合、画像の枚数は 3 となります。色の観点でしか見ないとチャンネル数は 1 と 3 しかないように思えますが、実際はチャンネルはいくらでもあります。重ね合わせられた画像の枚数がチャンネル数です。コンピュータで扱う画像は一般に 3 次元配列であると覚えておきましょう。とりあえず、MNIST は幸いグレースケールの画像なので、ここでの第 1 引数は 1 となります。

　第 2 引数は設定するフィルターの数です。ここでは 20 個のフィルターを設定しました。

　第 3 引数はフィルターのサイズです。一般にサイズは縦 a 横 b の長さを並べた (a,b) で表しますが、フィルターが正方形 (a, a) の場合、a と略記できます。第 2 引数と第 3 引数から、関数 cn1 のパラメータはサイズ (5,5) のフィルター 20 個であることがわかります。

　入力画像が x のとき、cn1(x) は畳み込まれた複数枚の画像です。この場合、入力画像のサイズが (28,28) でフィルターのサイズが (5,5) なので、出力画像のサイズは (24,24) となります。またフィルターの枚数が 20 枚なので、cn1(x) はサイズが (24,24) の画像が 20 枚です。これは 3 次元の配列 (20,24,24) で表現されます。これが関数 cn1 の出力です。

　この出力に対して関数 F.relu を適用して、その結果に対して Max Pooling の処理を行います。Max Pooling の処理は nn.MaxPool2d で行います。nn.MaxPool2d の引数は、Max Pooling の処理で行う区分けする領域の大きさです。これも通常は縦 a 横 b の長さを並べた (a,b) で表しますが、領域が正方形 (a, a) の場合、a と略記できます。上記例では引数は 2 で、サイズ (24,24) の画像をサイズ (2,2) の領域で区分けするので、結果としてサイズ (12,12) の画像が得られます。nn.MaxPool2d の入力は 20 枚の画像だったので、結局 self.pool1 の出力は (12,12) の画像が 20 枚、つまり、3 次元配列

$(20, 12, 12)$ となります。

畳み込みの関数 cn2 の入力は self.pool1 の出力です。前述したように、これは 3 次元の配列 $(20, 12, 12)$ であり、その意味は $(12, 12)$ の画像が 20 枚なので、self.cn2 = nn.Conv2d(20, 50, 5) の第 1 引数が 20 になっています。フィルターのサイズが $(5, 5)$、画像のサイズが $(12, 12)$ なので、畳み込まれた画像のサイズは $(8, 8)$ となります。

ここで注意が必要です。関数 cn2 の入力はサイズ $(12, 12)$ の画像 20 枚が重ねられたものであり、3 次元配列 $(20, 12, 12)$ です。これまでの例では畳み込みの対象となる画像は 1 枚でした。そのため、フィルターも 1 枚で済んでいました。

これに対し、畳み込みの対象が n 枚の画像である場合、そのフィルターも n 枚が重ねられたものになります。つまり、ここでの実際のフィルターのサイズは $(5, 5)$ ではなく、$(20, 5, 5)$ です（**図 1.22**）。

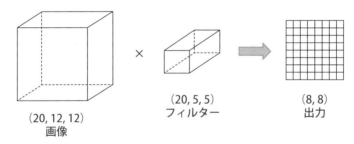

図 1.22 3 次元のフィルター

ただし、畳み込まれた結果が 1 枚の画像（2 次元配列）になるのは変わりません。よって、関数 cn2 の出力はサイズが $(8, 8)$ の画像が 50 枚、つまり 3 次元配列 $(50, 8, 8)$ となります。この出力に対して関数 F.relu を適用します。

最後に、線形作用素 fc を使ってラベルを推定します。fc の入力は 1 次元ベクトルなので、3 次元配列 $(50, 8, 8)$ を view を使って 1 次元に形状変換します[注9]。その結果、次元は $50 \times 8 \times 8 = 3200$ 次元となります。このため、線形作用素 fc の入力ベクトルの次元数は 3,200 次元になっています。

プログラム mnist_cnn0.py の全体は、mnist_nn.py とモデルの定義が異

注9 reshape でも可能です。また 1 次元にするには flatten(x, 1) もよく利用されます。

なるだけで、後は同じです。

mnist_cnn0_test.py を実行した結果は 0.9874 でした。mnist_nn_test. py の結果が 0.9659 だったので、CNN を用いることで精度がかなり改善されました。

```
$ python mnist_cnn0_test.py cnn0-9.model
0.9873999953269958
```

1.6.7　Dropout

CNN は一般に非常に深い層になるので、学習がうまく行えない場合もあります。そこで、Dropout という手法を用いることもよくあります。ネットワークの学習は、ネットワークに訓練データの一部が流れてきて、そのデータから誤差逆伝播を使ってパラメータを更新するという処理の繰り返しですが、その各処理ごとに第 *l* 層の一部のユニットをランダムに選んで、そのユニットが存在しないものとして学習を行います（**図 1.23**）。

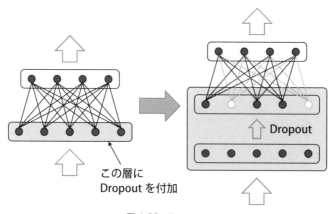

図 1.23　Dropout

Dropuout は正則化の処理と考えられています。これによって過学習が抑えられ、学習が安定します。

PyTorch で Dropuout の処理を行うのは簡単です。nn.Dropout を用いるだけです。以下に利用例として、先の mnist_cnn0.py に Dropuout の処理を加

えたモデルを示します。

▌ mnist_cnn1.py

```
class MyCNN(nn.Module):
    def __init__(self):
        super(MyCNN, self).__init__()
        self.cn1 = nn.Conv2d(1, 20, 5)
        self.pool1 = nn.MaxPool2d(2)
        self.cn2 = nn.Conv2d(20, 50, 5)
        self.dropout = nn.Dropout(p=0.4)   ## ここを追加
        self.fc = nn.Linear(3200, 10)
    def forward(self, x):
        x = F.relu(self.cn1(x))
        x = self.pool1(x)
        x = F.relu(self.cn2(x))
        x = self.dropout(x)    ## ここを追加
        x = x.view(len(x), -1)
        return self.fc(x)
```

　__init__ で nn.Dropout(p=0.4) が追加され、forward の計算で 2 回目の
畳み込みの処理 cn2 とラベルを識別する fc との間に Dropout の処理を行って
います。nn.Dropout(p=0.4) の p=0.4 というのは、Dropout でないものとす
るユニットの割合です。

　mnist_cnn0_test.py を実行した結果は 0.9874 でしたが、mnist_cnn1_
test.py を実行した結果は 0.9885 でした。少し精度が改善されました。

```
$ python mnist_cnn1_test.py cnn1-9.model
0.9884999990463257
```

複雑なネットワークの学習

　前節では、基本的なニューラルネットに対するモデルの PyTorch による実装を解説しました。パラメータを持つ関数としては Linear や Conv2d くらいしか扱っていないので、簡単なネットワークです。とは言え、どんな複雑なネットワークであっても、それはパラメトリックな関数であり、パラメータは何か、入力は何か、出力は何かの 3 点を押さえておけば、前節で示したひな型を修正していくことでプログラムを作れるでしょう。

　しかし、形がまったく異なるネットワークに対しては、どのようにプログラムすればよいのか迷うでしょうから、ここでは基本的なネットワークとは異なる 2 つのネットワークを示すことにします。1 つは層が分岐するタイプ、もう 1 つはモデルが複数あるタイプです[注10]。

　また、転移学習などを行う場合には、最急降下法により更新するパラメータと更新しないパラメータを指定する必要があるので、そのような場合の書き方も示します。

1.7.1　層が分岐するネットワーク

　層が分岐するネットワークとは、例えば**図 1.24** のようなネットワークです。

注10　再帰的なネットワークも複雑なネットワークの代表例です。これは自然言語処理のタスクでは頻出しますが、本書が対象とする物体検出には現れないので、割愛します。

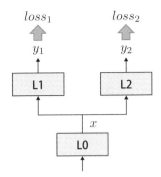

図 1.24 層が分岐するネットワーク

図 1.24 は L0 の層が L1 の層と L2 の層に分岐されています。処理的にはこれは L0 の層の出力である配列 x が L1 の層と L2 の層それぞれに入力されることになります。L1 の層からは y_1 が出力され、何らかの形で $loss_1$ が計算されます。L2 の層からは y_2 が出力され、何らかの形で $loss_2$ が計算されます。そして $loss_1 + loss_2$ を全体の損失として、勾配を求めて、パラメータを更新します。

このようなネットワークはいろいろなケースで現れますが、代表的なケースは複数の出力があるケースです。例えばレビュー文書について、そのレビュー対象のジャンルとレビューが肯定的かあるいは否定的（ポジネガ）かを識別したいとします。出力はジャンルとポジネガの 2 つです。このタスクを解くのに、レビュー文書のレビュー対象のジャンルを識別するネットワーク L01 とポジネガを識別するネットワーク L02 をそれぞれ作って、独立に学習させることでもよいのですが、L01 と L02 は下層の方のネットワークはほぼ同じになり、同時に学習した方が識別の性能も高くなると考えられます（**図 1.25**）。

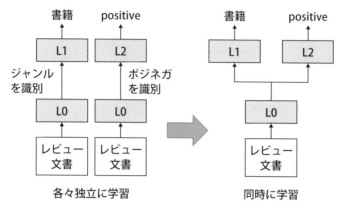

図 1.25　マルチタスクの学習

　PyTorch で上記のモデルを記述するのは、基本形に沿って記述することも可能ですが、さまざまな形に対して汎用的に使える以下の方法を使うとよいでしょう。

- 損失は model の forward を利用せずにベタに計算する
- 最適化の対象パラメータを設定するのに model.parameters() を使わずに細かく設定する

　プログラム例を示すために、簡単なタスクを考えてみます。前節で使った MNIST は手書き数字のデータで、画像に描かれた数値を識別するのがタスクです。つまり、ラベルは 0 から 9 の数値です。ここではこのラベルのほかに、その画に丸い部分があるかどうかを識別してみます。この付加的なラベルを人工的に与えるために、単純に、数値の 6, 8, 9 ならば丸い部分があるとしてみます（もちろんこれは意味のないタスクです。プログラムの記述方法を確認するためだけに作ったものです）。

　画像データとしては、前節で利用した datasets.MNIST から作ることにします。通常のラベルのデータからもう 1 つのラベルデータ、つまり丸い部分があれば 1（実際は y1 が 6, 8, 9 のもの）となければ 0（実際は y1 が 6, 8, 9 以外のもの）を作るのは容易です。

　ネットワーク図は**図 1.26** のようになります。

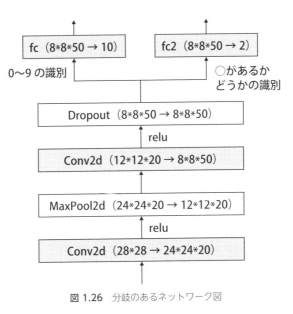

図 1.26 分岐のあるネットワーク図

PyTorch でのプログラムのモデルの記述部分は以下のとおりです。

▌mnist_cnn2.py

```python
class MyCNN2(nn.Module):
    def __init__(self):
        super(MyCNN2, self).__init__()
        self.cn1 = nn.Conv2d(1, 20, 5)
        self.pool1 = nn.MaxPool2d(2)
        self.cn2 = nn.Conv2d(20, 50, 5)
        self.dropout = nn.Dropout(p=0.4)
        self.fc = nn.Linear(3200, 10)
        self.fc2 = nn.Linear(3200, 2)      ## ここが追加
    def forward(self, x):
        x = F.relu(self.cn1(x))
        x = self.pool1(x)
        x = F.relu(self.cn2(x))
        x = self.dropout(x)
        x = x.view(len(x), -1)
        # return self.fc(x)    ## ここを以下
        return x              ## のように変更
```

　追加した L2 の部分（丸い部分があるかどうかを識別する層）に対応する
nn.Linear(3200, 2) を__init__に追加しただけです。forward の部分に
変更はありません。forward の部分は、分岐の直前のデータを出力するように
変更します。

　学習対象のパラメータはモデル MyCNN2 の中に全部入っているので、最適化
関数の設定部分にも変更はありません。

　問題は学習の部分です。以下の形になります。

▌mnist_cnn2.py

```
for j in range(10):
    idx = np.random.permutation(n)
    for i in range(0, n, bs):
    x = x0[idx[i:(i+bs) if (i+bs) < n else n]].to(device)
    y1 = y01[idx[i:(i+bs) if (i+bs) < n else n]].to(device)
    y2 = y02[idx[i:(i+bs) if (i+bs) < n else n]].to(device)
    cnnx = model(x)          ## ここで分岐直前のデータを得る
    out1 = model.fc(cnnx)    ## L1からの出力
    out2 = model.fc2(cnnx)   ## L2からの出力
    loss1 = criterion(out1,y1)    ## L1からの損失
    loss2 = criterion(out2,y2)    ## L2からの損失
    loss = loss1 + loss2
    print(j, i, loss1.item(),loss2.item())
    optimizer.zero_grad()
    loss.backward()
    optimizer.step()
```

　model(x) により分岐直前のデータを得て、model.fc から L1 の出力を得
て、model.fc2 から L2 の出力を得て、それぞれに対して損失 loss1 と loss2
を求めます。次に、それらの和から全体の損失を求めます。

▌mnist_cnn2.py

```
loss = loss1 + loss2
```

　後の処理は通常の処理と同じです。

　テストも、学習のときと同じように L1 と L2 の出力をそれぞれ得て、それら

を評価するだけです。以下のようになります。

▌mnist_cnn2_test.py

```
model.eval()
with torch.no_grad():
    cnnx = model(xt)
    out1 = model.fc(cnnx)
    out2 = model.fc2(cnnx)
    ans1 = torch.argmax(out1,1)
    ans2 = torch.argmax(out2,1)
    print(((yans1 == ans1).sum().float()/len(ans1)).item())
    print(((yans2 == ans2).sum().float()/len(ans2)).item())
```

mnist_cnn2_test.py を実行した結果を以下に示します。マルチタスクの学習の形になっているので、通常の CNN よりも精度が高くなりました。

```
$ python mnist_cnn2_test.py cnn2-9.model
0.9930499792098999
0.9922833442687988
```

1.7.2　複数のモデルの混在

　ここまでに説明したプログラムは、利用するモデルが1つだけでした。ネットワークが複雑になると、複数のモデルを利用したくなることがあります。ここではそのようなネットワークに対する PyTorch でのプログラム例を示します。

　まず、複数のモデルが混在しているといっても、各モデルはネットワークなので、全体は1つの大きなネットワークです。このように展開してしまえば、複数のモデルが混在していてもプログラムは容易です。部分的なフィードフォワードのネットワーク部分には nn.Sequential を用いて、ひとかたまりにもできます。

　ただし、各モデルを展開して、全体のモデルを定義し直すことができないこともあります。既にあるモデルが定義されており、それをそのまま用いたい場合です。この場合には、自分の定義したモデルと既存のモデルとを組み合わせて、全体のモデルを作るしかありません。ただ、この場合でも、全体に展開す

る考え方で対処できます。モデルというのは単にネットワークのある構造に名前を付けただけであり、そのモデル名からそのモデルに対応するネットワークの個々の部分を参照すれば、全体を展開したものと同じように扱えるからです。

　前節の分岐のあるネットワークの例を、もう一度考えてみます。今回も出力は 2 つで、通常の 0 から 9 のラベルとその画に丸い部分があるかどうかの 0-1 値とします。ただし今回は、通常の CNN のモデル（MyCNN）が存在しており、このモデルをそのまま利用する形にして、その上でこの新たなタスクを解く CNN のモデル（MyCNN2）を作ります（**図 1.27**）。

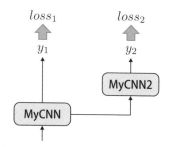

図 1.27　複数のモデルを持つネットワーク

　上記の設定で PyTorch のプログラム例を示します。まず、通常の CNN のモデル（MyCNN）の定義は以下です。これは mnist_cnn1.py で定義された形であり、この形は変更せずに、このモデルを使うという前提でプログラムを作ります。

▍mnist_cnn3.py

```python
class MyCNN(nn.Module):
    def __init__(self):
        super(MyCNN, self).__init__()
        self.cn1 = nn.Conv2d(1, 20, 5)
        self.pool1 = nn.MaxPool2d(2)
        self.cn2 = nn.Conv2d(20, 50, 5)
        self.dropout = nn.Dropout(p=0.4)
        self.fc = nn.Linear(3200, 10)
    def forward(self, x):
```

```
    x = F.relu(self.cn1(x))
    x = self.pool1(x)
    x = F.relu(self.cn2(x))
    x = self.dropout(x)
    x = x.view(len(x), -1)
    return self.fc(x)
```

次に、新たなタスクを解くモデル MyCNN2 の定義は以下です。

▌mnist_cnn3.py

```
class MyCNN2(nn.Module):
    def __init__(self):
        super(MyCNN2, self).__init__()
        self.fc = nn.Linear(3200, 2)
    def forward(self, x):
        return self.fc(x)
```

実はこれは、分岐のあるネットワークのプログラムで示したように、MyCNN の forward で最後の層の fc に与える前のベクトルを取り出せればよいだけ です。これを行うために、関数 fwd を以下のように定義しておきます。

▌mnist_cnn3.py

```
def fwd(model, x):
    x = F.relu(model.cn1(x))
    x = model.pool1(x)
    x = F.relu(model.cn2(x))
    x = model.dropout(x)
    x = x.view(len(x), -1)
    return x
```

複数のモデルが混在する場合のポイントは、最適化アルゴリズムの設定部分 です。通常は以下のような形で設定します。

```
optimizer = optim.SGD(model.parameters(),lr=0.01)
```

　この optim.SGD の第 1 引数は少し複雑で、正確には torch.Tensor の iterable か、あるいは辞書です。通常は model.parameters() と書けば、モデル（model）の全パラメータが学習の対象として設定されるのでこの形で問題ないのですが、モデルが複数ある場合は、以下の書き方を用います。

▌mnist_cnn3.py

```
optimizer = optim.SGD([
    {'params': model1.parameters()},
    {'params': model2.parameters()}
], lr=0.01)
```

　学習部分は以下のようになります。

▌mnist_cnn3.py

```
for j in range(10):
    idx = np.random.permutation(n)
    for i in range(0, n, bs):
        x = x0[idx[i:(i+bs) if (i+bs) < n else n]].to(device)
        y1 = y01[idx[i:(i+bs) if (i+bs) < n else n]].to(device)
        y2 = y02[idx[i:(i+bs) if (i+bs) < n else n]].to(device)
        cnnx = fwd(model1, x)    ## ここで分岐直前のデータを得る
        out1 = model1.fc(cnnx)   ## 既存モデルmodel1からの出力
        out2 = model2(cnnx)        ## 新たなモデルmodel2からの出力
        loss1 = criterion(out1,y1)    ## model1からの損失
        loss2 = criterion(out2,y2)    ## model2からの損失
        loss = loss1 + loss2
        print(j, i, loss1.item(),loss2.item())
        optimizer.zero_grad()
        loss.backward()
        optimizer.step()
```

　model1 の forward を利用せずに、設定した関数 fwd と model1.fc を用いて既存モデル model1 からの出力を得ています。
　またこの場合、モデルの保存も個々のモデルを保存しなければなりません。

▌mnist_cnn3.py

```python
for j in range(10):
    idx = np.random.permutation(n)
    ...
    outfile1 = "cnn3-m1-" + str(j) + ".model"
    torch.save(model1.state_dict(),outfile1)
    print(outfile1," saved")

    outfile2 = "cnn3-m2-" + str(j) + ".model"
    torch.save(model2.state_dict(),outfile2)
    print(outfile2," saved")
```

　保存したモデルを読み込むときも、個々に load をする必要があります。

▌mnist_cnn3_test.py

```python
model1 = MyCNN()
model2 = MyCNN2()

model1.load_state_dict(torch.load(argvs[1]))
model2.load_state_dict(torch.load(argvs[2]))
```

　mnist_cnn3_test.py の実行には、保存した2つのモデルを指定します。

```
$ python mnist_cnn3_test.py cnn3-m1-9.model cnn3-m2-9.model
0.9705833196640015
0.9697666764259338
```

第2章

物体検出アルゴリズム
SSDの実装

2.1 物体検出

物体検出とは、画像から予め設定したラベルを持つ物体部分を見つけて、その物体を囲うバウンディングボックス（Bounding Box、以下 BBox と略す）という枠を付ける処理です。

具体的に見てみましょう。**図 2.1** の画像が入力です。

図 2.1 入力画像の例

この画像に物体検出の処理を行うと、画像の中に人と犬がいることを把握して、その人を囲む枠とその犬を囲む枠とを合わせて出力します。その検出した物体のクラスと推定の信頼度を、その枠の左上あたりに表示します。

先の入力画像に対する物体検出の出力例が**図 2.2** です。左側の枠は dog というラベルが与えられ、その信頼度は 0.91 であり、右側の枠は person というラベルが与えられ、その信頼度は 0.97 であることが示されています。

図 2.2 物体検出の出力例

2.2　ボックスの形式

　物体検出に対する出力の形式は BBox、物体のラベル、推定の信頼度の 3 つのリストになります。このうち BBox（一般にボックス）をどのような形式で表現するかは、決めておく必要があります。

　画像は左上の点を原点として、横右方向を x 軸、縦下方向を y 軸として、画像上の点の位置は xy 座標の位置 (x, y) で表せます。ボックスを表現するには、ボックスの左上の点を $(minx, miny)$、右下の点を $(maxx, maxy)$ として、以下のベクトルを用います。

$$[minx, miny, maxx, maxy]$$

図 2.3　ボックスの形式

　注意として、上記の形はピクセルの個数をもとにした表現であり、各数値は整数値になっています。畳み込みなどの処理を行うときにはこのピクセルがもとになっていますが、画像の大きさを計算する場合には、どの画像も同じ大きさとして扱う方が計算上は便利です。そのため、処理の内部では、画像の大きさは縦横の長さが 1 に正規化された実数値が使われます。つまり、画像の横幅

を w ピクセル、縦幅を h ピクセルとしたとき、ボックスは以下の実数値ベクトルで表現されることになります。

$$[minx/w, miny/h, maxx/w, maxy/h]$$

図 2.4 正規化された画像に対するボックス

　上記が標準的なボックスの表現形式であり、SSD の入出力もこの表現形式を用います。ただし、SSD の内部ではさらに別の表現形式でボックスを表します。そこではボックスの中心位置 (cx, cy) とボックスの幅 w と高さ h の 4 つの値の情報により、ボックスを表現します。この表現が使われることもあるので注意してください。

$$[cx, cy, w, h]$$

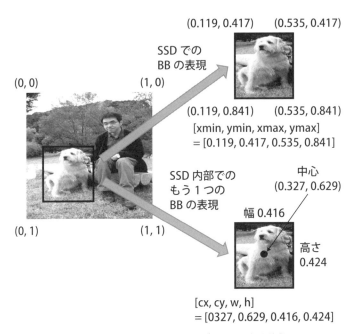

図 2.5 SSD の内部で使われるボックスの表現形式

2.3 デフォルトボックスとオフセット

　SSD は BBox の検出に、デフォルトボックス（Default Box、以下 DBox と略す）とそのオフセットという考え方を導入しています。DBox とは、予め決められている画像中のボックスです。これは定数のように固定されたものです。検出すべき BBox と DBox との差分がオフセットです。この DBox とオフセットによって、検出結果である BBox を表します。

　今、DBox が (cx, cy, w, h)[注1] であり、オフセットが $(\Delta x, \Delta y, \Delta w, \Delta h)$ となったとします。このときの検出結果の BBox は、以下のとおりです。

$$
\begin{aligned}
(cx', cy', w', h') = (&cx(1 + 0.1\Delta x), \\
&cy(1 + 0.1\Delta y), \\
&w \cdot \exp(0.2\Delta w), \\
&h \cdot \exp(0.2\Delta h))
\end{aligned}
$$

　この式はオフセットの直感的なイメージからすると違和感がありますが、オフセットの作り方が、上記の式から BBox を構成できるように決められるところから設定されている式です。SSD ではこのように決まっているという理解でよいと思います。

注1　これは SSD の内部でのボックスの表現形式であり、実数値ベクトルです。

2.4 特徴量マップと領域

　SSD は DBox の設定方法、そして DBox のあたりに存在する物体の識別方法がポイントです。DBox の設定方法を概略すると、画像内に基本となる領域を設定し、その領域を拡大変形することで DBox を作成します。つまり、領域の設定方法が本質的です。

　領域は、畳み込みによってどの程度まで入力された画像が圧縮されたかで設定されます。例えば 300 × 300 ピクセルの入力画像を複数回の畳み込みの処理を行って、38 × 38 ピクセルの画像まで圧縮したとします。この圧縮した画像に対する配列を、特徴量マップと呼びます。この特徴量マップに対しては元画像の 1/38 の大きさの領域を設定します。実際には元の画像の大きさを 1.0 × 1.0 と見なして、横と縦を 38 等分し、$38 \times 38 = 1444$ 個のボックスを作ります。このそれぞれのボックスが領域です。

　特徴量マップの大きさ 38 × 38 の 38 と、元画像との比率の 1/38 の 38 という数値が同じであることがポイントです。この数値を一致させていることに理論的な理由はありません。ただ、考え方として、大きさ $h \times h$ の特徴量マップを使って画像識別を行った場合、検出すべき物体が元画像の $1/h$ になっているときに高い確率で正しく識別できるはずです。そのために、このように設定されているのだと思います。

　SSD では、画像中の検出すべき物体 A の大きさが元画像のほぼ $1/h$ になっていると考えます。そして $1/h$ の大きさの領域を縦横 h 個ずつ並べて合計 h^2 個用意します。実際の物体 A の BBox は、それら領域のどれかとぴったり同じであることはありませんが、h^2 個の中のどれかの領域を少しだけ拡大変形したボックスとほぼ一致すると考えます。この「領域を少しだけ拡大変形したボックス」が DBox です。

　具体的に SSD では、検出すべき物体の BBox の大きさが元の画像サイズの 1/38、1/19、1/10、1/5、1/3 および 1/1 のいずれかに近い値であると仮定しています。つまり、特徴量マップの大きさとして、38、19、10、5、3、1 の 6 種類を設定します。

　DBox に存在する物体の識別方法ですが、これは簡単です。DBox の作成の

もとになった領域があるはずですが、その領域はある特徴量マップから設定されたものなので、その特徴量マップを用いれば物体識別ができます。

2.5　SSD の処理の概要

　物体検出は、どうやって BBox を検出するかがポイントです。BBox さえ検出できれば、その中に写っている物体を識別するのは画像識別の技術で容易だからです。先ほど述べたように、SSD では BBox の検出に複数個の DBox を用います。具体的には 8,732 個の DBox を用います。各 DBox に対して 1 つのオフセット（4 次元の数値）を推定し、そこから導かれる BBox 内に映っているものが何かを、21 種類のラベルに対する信頼度として算出します。つまり、1 画像に対する SSD の出力は 218,300 個の数値となります。

$$8732 \times (4 + 21) = 218300$$

　SSD は、画像のベクトルを畳み込みなどを利用して変換していく途中途中で得られる特徴量マップから領域を設定し、この領域をアスペクト比（縦横比）を用いて総計 8,732 個の DBox を作成します。それら DBox の各々に対して先の特徴量マップを使って、オフセット値とラベルの信頼度を得るという処理を行います。

　結局、SSD の出力は、8,732 個の DBox に対するオフセット値と 21 種類のラベルの信頼度です。ただし、これは SSD のネットワークの出力であることに注意してください。SSD の学習の対象はこのネットワークです。実際に**図 2.2** のような図を出力するには、この出力をさらにいろいろと処理しなければなりません。この処理はかなり複雑ですが、学習とは関係のない処理です。

2.6　SSD のネットワークモデル

SSD のネットワークモデルを**図 2.6** に示します。

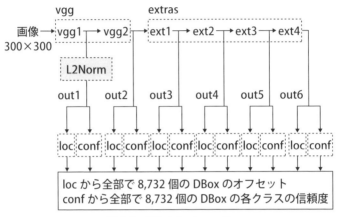

図 2.6　SSD のネットワーク

　SSD のネットワークは大まかに vgg[注2]、extras、loc および conf というネットワークモジュールを組み合わせて作られています[注3]。SSD は入力された画像を vgg で変換し、次に extras で変換します。その途中途中の段階 5 箇所と最終の出力の計 6 箇所でその時点の出力（**図 2.6** の out1 から out6）を保持しておきます。そして、それらの出力の大きさに応じて、いくつかの DBox を作成し、loc ではそれらの DBox に対するオフセットを求めます。また、conf ではそれらの DBox に対する各クラスの信頼度を求めます。

　もう少し詳しく説明すると、vgg1 で 10 回の畳み込みを行い、それを L2Norm にかけて out1 を出力します。つまり、out1 は特徴量マップであり、その大きさは 38×38 です。この場合、元の画像が 38×38 に区切られて合計 38×38 = 1444

注2　vgg は、VGG-16 という画像識別のモデルをベースにしたネットワークです。

注3　**図 2.6** の vgg の中にある vgg1 や vgg2、また extras の中にある ext1、 ext2、ext3、ext4 というのは本書で説明上付けた名前であり、SSD のモデルの中ではそのような名前は付けられていません。

個の領域が設定されることを意味しています。vgg2 では、vgg1 の出力に対してさらに 5 回の畳み込みを行い、out2 を出力します。この out2 も特徴量マップであり、その大きさは 19 × 19 になっています。out2 が vgg の出力で、それが extras に入ります。extras の中では ext1、 ext2、ext3 および ext4 の各々で 2 回の畳み込みを行いながら、out3、out4、out5 および out6 を出力します。つまりこれらはすべて特徴量マップであり、その大きさはそれぞれ 10 × 10、5 × 5、3 × 3、および 1 × 1 となっています。

　図 2.7 は out5 の特徴量マップに対する領域を示したものです。

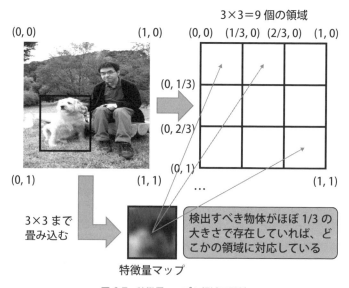

図 2.7　特徴量マップと領域の関係

　SSD の out1 から out6 で各特徴量マップに応じた各領域が得られますが、その領域の総計は 1,940 個です。

$$38 \times 38 + 19 \times 19 + 10 \times 10 + 5 \times 5 + 3 \times 3 + 1 \times 1 = 1940$$

この領域の大きさに応じたアスペクト比（縦横比）を用いて、DBox を作成します。out1、out5、out6 に対しては 4 つの DBox を作成し、out2、out3、out4 に対しては 6 つの DBox を作成します。つまり、DBox は 8,732 個作成されます。

$$38 \times 38 \times 4 + 19 \times 19 \times 6 + 10 \times 10 \times 6 + 5 \times 5 \times 6 + 3 \times 3 \times 4 + 1 \times 1 \times 4 = 8732$$

　DBox の作り方としては、アスペクト比を利用します。大雑把に言えば、4 つの DBox を作る場合は、小さい正方形、大きい正方形、1:2 の比率の長方形、2:1 の比率の長方形を作ります。6 つの DBox を作る場合は、先の 4 つに加えて 1:3 の比率の長方形、3:1 の比率の長方形も作ります。例えば**図 2.8** は、out5 の 3 × 3 の特徴量マップの中央の領域から 4 つの DBox を作るイメージを示したものです。

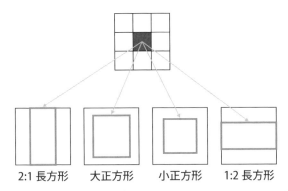

図 2.8　3 × 3 特徴量マップの中央領域からの 4 つの DBox の作成

　端にある領域に対しては、DBox が元の画像からはみ出してしまう場合もあります。画像からはみ出した DBox は、はみ出した部分が削られます。

2.7 SSD モデルの実装

SSD モデルの実装に関しては、以下がオリジナルです。

https://github.com/amdegroot/ssd.pytorch

ネットワークの構成や名前付けは、上記のものと同じにしておく方が既存の SSD モデルを利用しやすいでしょう。このため、本書も上記の設定に沿った実装を行います。

2.7.1 vgg ネットワークの実装

最初に**図 2.6** の vgg のネットワーク nn.vgg の実装を示します。vgg のネットワークは**図 2.9** のようになっています。

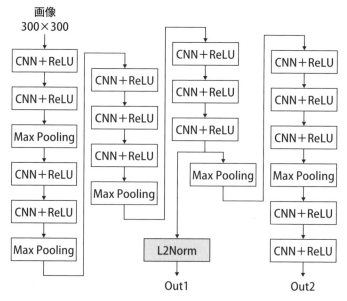

図 2.9 vgg ネットワーク

　図 2.9 の L2Norm の部分を除いて入力画像から out2 へ至る変換の列が、vgg です。**図 2.9** の CNN はすべて 3 × 3 のフィルターと大きさ 1 の padding を利用します。nn.vgg は、**図 2.9** の四角で囲まれたネットワークの部分を 1 つずつ並べたリスト layers を作って、nn.vgg = nn.ModuleList(layers) により設定できます。layers のリストは 1 つずつ変換の関数をベタに並べても作れますが、類似部分が何度も現れるので、オリジナルのソースコードでは繰り返しの処理によりリストの要素を埋めていく工夫をしています。

　ここではその部分を make_vgg という関数として取り出しました。この関数は nn.ModuleList(layers) を返り値とすることで、nn.vgg は nn.vgg = make_vgg() として設定できます。

▌mynet.py

```python
def make_vgg():
    cfg = [64, 64, 'M', 128, 128, 'M', 256, 256, 256, 'C',
           512, 512, 512, 'M', 512, 512, 512]
    layers = []
    in_channels = 3
    for v in cfg:
        if v == 'M':
            layers += [nn.MaxPool2d(kernel_size=2, stride=2)]
        elif v == 'C':
            layers += [nn.MaxPool2d(kernel_size=2, stride=2,
            ceil_mode=True)]
        else:
            conv2d = nn.Conv2d(in_channels, v, kernel_size=3, padding=1)
            layers += [conv2d, nn.ReLU(inplace=True)]
            in_channels = v
    pool5 = nn.MaxPool2d(kernel_size=3, stride=1, padding=1)
    conv6 = nn.Conv2d(512, 1024, kernel_size=3, padding=6, dilation=6)
    conv7 = nn.Conv2d(1024, 1024, kernel_size=1)
    layers += [pool5, conv6,
               nn.ReLU(inplace=True), conv7, nn.ReLU(inplace=True)]
    return nn.ModuleList(layers)
```

2.7.2 extras ネットワークの実装

次に、**図 2.6** の extras のネットワーク nn.extras の実装を示します。extras のネットワークは**図 2.10** のようになっています。

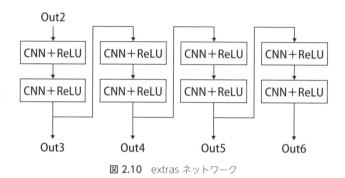

図 2.10 extras ネットワーク

nn.extras の作り方も nn.vgg と同じです。ただ今回は layers リストの要素数が少ないので、ベタに並べて作ることにします。nn.extras = make_extras() で設定します。

▌mynet.py

```python
def make_extras():
    layers = [
        nn.Conv2d(1024, 256, kernel_size=(1)),
        nn.Conv2d(256, 512, kernel_size=(3), stride=2, padding=1),
        nn.Conv2d(512, 128, kernel_size=(1)),
        nn.Conv2d(128, 256, kernel_size=(3), stride=2, padding=1),
        nn.Conv2d(256, 128, kernel_size=(1)),
        nn.Conv2d(128, 256, kernel_size=(3)),
        nn.Conv2d(256, 128, kernel_size=(1)),
        nn.Conv2d(128, 256, kernel_size=(3))
    ]
    return nn.ModuleList(layers)
```

2.7.3 loc ネットワークの実装

nn.loc は、out1 から out6 までのそれぞれに対して独立に 1 回の畳み込み

を行う層を並べて記述します。nn.loc = make_loc() で設定します。

▌ mynet.py

```python
def make_loc(num_classes=21):
    layers = [
        # out1に対する処理
        nn.Conv2d(512, 4*4, kernel_size=3, padding=1),
        # out2に対する処理
        nn.Conv2d(1024, 6*4, kernel_size=3, padding=1),
        # out3に対する処理
        nn.Conv2d(512, 6*4, kernel_size=3, padding=1),
        # out4に対する処理
        nn.Conv2d(256, 6*4, kernel_size=3, padding=1),
        # out5に対する処理
        nn.Conv2d(256, 4*4, kernel_size=3, padding=1),
        # out6に対する処理
        nn.Conv2d(256, 4*4, kernel_size=3, padding=1)
    ]
    return nn.ModuleList(layers)
```

　上記の nn.Conv2d の第 2 引数は、出力ベクトルの次元数を意味します。作成される DBox ごとにオフセット（4 次元ベクトル）を出力するので、以下の数値になっています。

$$（作成される DBox 個数）\times 4$$

　nn.vgg や nn.extras は順伝播の流れでネットワークを設定していましたが、nn.loc は各 out に対する loc のネットワークを並べただけなので、少し奇異に感じるかもしれません。しかし問題はありません。nn.loc は nn.vgg や nn.extras と同じく、全体のモデルの設定の中の__init__で設定する部分です。ここは全体のモデルの中で利用する nn クラスの関数を宣言する箇所なので、順伝播の流れになっていなくても問題がないのです。

2.7.4　conf ネットワークの実装

　nn.conf も、nn.loc と同じく、out1 から out6 までのそれぞれに対して独

立に畳み込みを行う層を並べて記述します。nn.conf = make_conf() で設定します。引数として num_classes を入れています。これは物体検出のラベルの種類数です。本書の第 3 章で転移学習を行う際に、この数を変更する必要があるからです。

▌mynet.py

```python
def make_conf(num_classes=21):
    layers = [
        # out1に対する処理
        nn.Conv2d(512, 4*num_classes, kernel_size=3, padding=1),
        # out2に対する処理
        nn.Conv2d(1024, 6*num_classes, kernel_size=3, padding=1),
        # out3に対する処理
        nn.Conv2d(512, 6*num_classes, kernel_size=3, padding=1),
        # out4に対する処理
        nn.Conv2d(256, 6*num_classes, kernel_size=3, padding=1),
        # out5に対する処理
        nn.Conv2d(256, 4*num_classes, kernel_size=3, padding=1),
        # out6に対する処理
        nn.Conv2d(256, 4*num_classes, kernel_size=3, padding=1),
    ]
    return nn.ModuleList(layers)
```

上記の nn.Conv2d の第 2 引数は、出力ベクトルの次元数を意味します。作成される DBox ごとに各クラスの信頼度を出力するので、以下の数値になっています。

$$（作成される DBox 個数）\times（クラスの種類数 = \texttt{num\_classes}）$$

2.7.5　L2Norm の実装

図 2.9 の中に L2Norm という層があります。これは**図 2.6** で SSD における vgg1 の出力を受けて out1 を作成する層です。

やっていることは、チャンネルごとに特徴量マップを正規化することです。具体的に言うと、この場合、L2Norm への入力は 512 チャンネルの 38 × 38 の特徴量マップです。38 × 38 の個々のセルに注目して、各チャンネルのそのセル

の値を 2 乗し足し合わせてその平方根をとり、その値を norm として、各チャンネルのそのセルの値を norm で割ることで正規化します。さらに L2Norm ではチャンネルごとにある係数 weight を掛けます。この係数 weight はパラメータとして設定されていることに注意してください。学習の過程で適切な値が推定されます。

　実装に関しては、オリジナルのコードと同じようにクラスとして実装するのが簡潔です。以下はオリジナルのコードを少しだけ修整したものです。weight の初期値として 20 を代入しています。

▌mynet.py

```python
class L2Norm(nn.Module):
    def __init__(self,n_channels=512, scale=20):
        super(L2Norm,self).__init__()
        self.n_channels = n_channels
        self.gamma = scale
        self.eps = 1e-10
        self.weight = nn.Parameter(torch.Tensor(self.n_channels))
        self.reset_parameters()
    def reset_parameters(self):
        nn.init.constant_(self.weight,self.gamma)
    def forward(self, x):
        norm = x.pow(2).sum(dim=1, keepdim=True).sqrt()+self.eps
        x = torch.div(x,norm)
        out = self.weight.unsqueeze(0).unsqueeze(2).\
            unsqueeze(3).expand_as(x) * x
        return out
```

2.8 DBox の実装

SSD では 8,732 個の DBox を利用します。このデフォルトボックスは定数のようなものなので、1 回作成しておいて後はそれを大域変数として利用するのが簡単です。ただし、SSD のモデルは 1 つしか作成されないので、SSD のモデルの属性 priors としておくことにします。名前が変ですが、オリジナルのソースコードでこの名前を使っていますし、この部分は学習のアルゴリズムとは無関係なので、基本的にオリジナルのソースコードを使うことにします。

属性 priors は 8,732 個の DBox からなるリストです。属性 PriorBox という DBox のクラスを作成し、その forward メソッドによって priors を作成しています。

▌mynet.py

```
dbox = PriorBox()
priors = dbox.forward()
```

PriorBox クラスの定義は以下です。

▌mynet.py

```
from math import sqrt as sqrt
from itertools import product as product

class PriorBox(object):
    def __init__(self):
        super(PriorBox, self).__init__()
        self.image_size = 300
        self.feature_maps = [38, 19, 10, 5, 3, 1]
        self.steps = [8, 16, 32, 64, 100, 300]
        self.min_sizes = [30, 60, 111, 162, 213, 264]
        self.max_sizes = [60, 111, 162, 213, 264, 315]
        self.aspect_ratios = [[2], [2, 3], [2, 3], [2, 3], [2], [2]]

    def forward(self):
```

```
mean = []
for k, f in enumerate(self.feature_maps):
    for i, j in product(range(f), repeat=2):
        f_k = self.image_size / self.steps[k]
        cx = (j + 0.5) / f_k
        cy = (i + 0.5) / f_k
        s_k = self.min_sizes[k]/self.image_size
        mean += [cx, cy, s_k, s_k]
        s_k_prime = sqrt(s_k *
            (self.max_sizes[k]/self.image_size))
        mean += [cx, cy, s_k_prime, s_k_prime]
        for ar in self.aspect_ratios[k]:
            mean += [cx, cy, s_k*sqrt(ar), s_k/sqrt(ar)]
            mean += [cx, cy, s_k/sqrt(ar), s_k*sqrt(ar)]
output = torch.Tensor(mean).view(-1, 4)
output.clamp_(max=1, min=0)
return output
```

2.9 SSD の forward 関数

　ここまでに作成したコードを利用して SSD のモデルの設定部分を書くと、以下のようになります。phase という変数が増えていますが、これはそのモデルが学習で利用されるのか（値は'train'）、推論で利用されるのか（値は'test'）を示したものです。また、このモデルが推論で利用される場合には、Detect クラスのインスタンス detect も属性に加えられます（Detect クラスについては後述します）。

▌mynet.py

```python
class SSD(nn.Module):
    def __init__(self, phase='train',num_classes=21):
        super(SSD,self).__init__()
        self.phase = phase
        self.num_classes = num_classes
        self.vgg = make_vgg()
        self.extras = make_extras()
        self.L2Norm = L2Norm()
        self.loc = make_loc()
        self.conf = make_conf()
        dbox = PriorBox()
        self.priors = dbox.forward()
        if phase == 'test':
            self.detect = Detect()
#    def forward(self, x):
#        この部分を本章で実装する
```

　本章では SSD モデルに対する forward 関数を実装します。まず入力の x は 300 × 300 のカラー画像です。tensor の形状は (batch_size, 3, 300, 300) です。これを図 2.6、図 2.9 および図 2.10 の記述どおりに変換していきます。out1 から out6 はリスト out に順に入れていくことにします。また batch_size は、bs = len(x) として予め取得しておきます。

　図 2.9 で out1 を出力するまでの変換は以下のとおりです。

┃ mynet.py

```
bs = len(x)
out = []
for i in range(23):
    x = self.vgg[i](x)
x1 = x
out.append(self.L2Norm(x1))
```

23 という数値は、vgg の定義で N2Norm まで変換するまでに 0 から 22 番目
の層を経ていることから算出しています。ここから out1 へ分岐する tensor を
x1 として、そこに L2Norm を被せて out1 を得ます。

分岐してから out2 を出力するまでの変換は以下のとおりです。

┃ mynet.py

```
for i in range(23,len(self.vgg)):
    x = self.vgg[i](x)
out.append(x)
```

out3 から out6 を出力するまでの変換は以下のとおりです。

┃ mynet.py

```
for i in range(0,8,2):
    x = F.relu(self.extras[i](x), inplace=True)
    x = F.relu(self.extras[i+1](x), inplace=True)
    out.append(x)
```

次に out1 から out6 の各々から、オフセットとクラスごとの信頼度を求め
ます。

┃ mynet.py

```
for i in range(6):
    lx = self.loc[i](out[i]).permute(0,2,3,1).reshape(
                            bs,-1,4)
    cx = self.conf[i](out[i]).permute(0,2,3,1).reshape(
                            bs,-1,self.num_classes)
```

```
    lx = self.loc[i](out[i]).permute(0,2,3,1).reshape(
                            bs,-1,4)
    cx = self.conf[i](out[i]).permute(0,2,3,1).reshape(
                            bs,-1,self.num_classes)
    lout.append(lx)
    cout.append(cx)
lout = torch.cat(lout, 1)
cout = torch.cat(cout, 1)
```

この部分は tensor の形状を変換しているので、少し複雑です。例えば out1（つまり out[0]）に対しては loc[0] で変換します。out[0] の形状は (bs, 512, 38, 38) です。これを loc[0] で変換すると、出力の tensor の形状は (bs, 16, 38, 38) となります。処理を簡単にするために、軸を入れ替えて (bs, 38, 38, 16) の形状にします。これを行う処理が permute(0,2,3,1) です。また、最後に各領域に対するオフセットの形状にするため、reshape(bs,-1,4) を行います。この結果、tensor の形状は (bs, 38*38, 4) となります。

上記の処理を out1 から out6 に対して行い、それぞれの出力をリストにしたものが lout となります。各要素の形状は以下のようになっています。

```
(bs, 38*38, 4), (bs, 19*19, 4), (bs, 10*10, 4),
(bs, 5*5, 4), (bs, 3*3, 4), (bs, 1*1, 4)
```

これら 6 つの tensor を 0 番目と 2 番目の軸を固定して、1 番目の軸に対して結合していき、以下の形状の tensor を得ます。

```
(bs, 38*38 + 19*19 + 10*10 + 5*5 + 3*3 + 1*1, 4)
```

この処理を行うのが loc_out = torch.cat(lout,1) です。conf の場合も loc と同様です。オフセットの次元 4 の部分が、ラベルの種類数 self.num_classes（デフォルトは 21）になるだけです。

ここまでに得られる forward の処理は、モデルが学習のフェーズで用いられていても、推論のフェーズで用いられていても同じです。DBox に対する処理

（変数 pirors）がまったく出現していないことにも注意してください。

　モデルが学習あるいは推論のどちらのフェーズで利用されるのかを変数 phase に保持することにして、モデルを生成する際はこの変数に、学習の場合'train'、推論の場合'test' を代入することにしておきます。

　学習のフェーズ（phase == 'train'）では、loc_out と conf_out および priors の 3 つをタプルにして、forward の出力とします。forward の処理を経ることで損失値が計算され、パラメータの学習が行えます。推論のフェーズ（phase == 'test'）の場合には、クラス Detect から生成されている detect を用いて、先のタプルから検出の処理を行います。こちらの処理は学習とは関係ありません。

▌mynet.py

```python
output = (lout, cout, self.priors)
if self.phase == 'test':
    return self.detect.apply(output,self.num_classes)
else:
    return output
```

　以上で forward 関数が完成したので、クラス SSD は以下のようになります。

▌mynet.py

```python
class SSD(nn.Module):
    def __init__(self, phase='train'):
        super(SSD,self).__init__()
        self.phase = phase
        self.num_classes = num_classes
        self.vgg = make_vgg()
        self.extras = make_extras()
        self.L2Norm = L2Norm()
        self.loc = make_loc()
        self.conf = make_conf()
        dbox = PriorBox()
        self.priors = dbox.forward()
        if phase == 'test':
            self.detect = Detect()
```

```python
def forward(self, x):
    bs = len(x)
    out, lout, cout = [], [], []
    for i in range(23):
        x = self.vgg[i](x)
    x1 = x
    out.append(self.L2Norm(x1))
    for i in range(23,len(self.vgg)):
        x = self.vgg[i](x)
    out.append(x)
    for i in range(0,8,2):
        x = F.relu(self.extras[i](x), inplace=True)
        x = F.relu(self.extras[i+1](x), inplace=True)
        out.append(x)
    for i in range(6):
        lx = self.loc[i](out[i]).permute(0,2,3,1).\
            reshape(bs,-1,4)
        cx = self.conf[i](out[i]).permute(0,2,3,1).\
            reshape(bs,-1,self.num_classes)
        lx = self.loc[i](out[i]).permute(0,2,3,1).\
            reshape(bs,-1,4)
        cx = self.conf[i](out[i]).permute(0,2,3,1).\
            reshape(bs,-1,self.num_classes)
        lout.append(lx)
        cout.append(cx)
    lout = torch.cat(lout, 1)
    cout = torch.cat(cout, 1)
    output = (lout, cout, self.priors)
    if self.phase == 'test':
        return self.detect.apply(output,self.num_classes)
    else:
        return output
```

2.10 損失関数の実装

　モデルのパラメータを求めるには、何らかの損失関数を設定しなければなりません。この部分のアイデアと設計が、ディープラーニングによる問題解決の鍵となります。設計する損失関数の入力は、先に示したモデルの forward 関数の出力です。

　SSD のアイデアは、DBox と BBox とのオフセットを学習するという戦略です。教師データに対応するのは BBox とそのラベル（ここではこれを label0 としておきます）です。BBox には最も適切な DBox（ここではこれを DBox0 としておきます）が存在しています。BBox に対する DBox0 のオフセット（ここではこれを d0 としておきます）は計算できるので、基本的にこの d0 と label0 が教師データとなります。

　SSD のモデルでは、訓練データの画像に対して、すべての DBox に対してそのオフセット d1 とそのラベル label1 を推定します。DBox0 に対して推定した d1 と label1 を用いて、d1 と d0 と距離 lossL および label1 と label0 との距離 lossC を計算して、lossL と lossC の和を最小化するようにパラメータを求めます。この lossL と lossC を計算する処理が損失関数となります（**図 2.11**）。

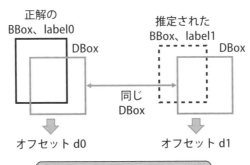

図 2.11　損失値算出のための基本戦略

　上記の考えは SSD の損失関数の核となる部分ですが、この処理だけでは損失関数として成り立たないことに注意してください。上記の処理だけでは「検出すべき物体がない」と判断することができないからです。この点の対処は後ほど説明します。

　損失関数の実装の部分はかなり複雑なので、基本的にオリジナルのソースコードを部分的に修正する形で実装します。処理のポイントを理解して、個々の関数の入出力を押さえておけば、ソースコードの修正や改良も可能でしょう。

2.10.1　IOU による DBox の選択

　モデルの学習のフェーズにおいて、モデルの順伝播の出力（つまりモデルの関数 forward の出力）は、先ほど述べた (loc_out, conf_out, self. priors) という 3 組からなるタプルです。今これを outputs としておきます。outputs は、8,732 個の DBox とそのオフセットと各ラベルの信頼度を保持しています。

　まず行うことは、正解の BBox に対応する適切な DBox0 を選択することです。その際に利用されるのが IOU（Intersection over Union）[注4]です。概略すると、ボックス間の類似度を 0.0 から 1.0 で測るものです。大きい値ほど類似しています。

　IOU は 2 つの領域 A と B の重なり部分 $A \cap B$ の面積を A と B を結合した部分 $A \cup B$ の面積で割った値です。IOU が 1 ならば A が B と完全に重なっていることを意味し、IOU が 0 ならば A と B の交わり部分がないことを意味します（**図 2.12**）。

注4　Jaccard 係数とも呼ばれます。オリジナルのソースコードではその名称が使われていますが、画像分野では IOU の名称の方が一般的です。

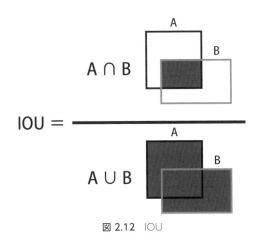

図 2.12 IOU

2.10.2 match関数の実装

SSD では MultiBoxLoss というクラスを実装し、そこから生成される関数が損失関数となります。MultiBoxLoss は nn.Module を継承するので、forward メソッドに損失関数の中身を書いて、生成される関数に criterion と名前を付け、いつものように loss = criterion(outputs, targets) の形で損失値 loss が得られます。

オリジナルのソースコードの損失値を求める手順はいくつかに分割できますが、最初に行う中心的な処理が match 関数です。

match 関数が行うことは、1 つの教師データに対して、各 DBox に対する前述した d0 と label0 を構築することです。具体的な match 関数の出力は、配列 loc_t と conf_t です。すなわち、8732×4 の配列 loc_t と 8732 次元のベクトル conf_t です[注5]。loc_t[k] には k 番目の DBox に対するオフセット値（4 次元）が入ります。conf_t[k] には k 番目の DBox に対するラベル（0 から 20 の値）が入ります。

match 関数で注意することがいくつかあります。1 つは match 関数の中では、ネットワークの出力情報 outputs は利用されないことです。もう 1 つは、1 つの教師データに対して一般に複数の BBox が存在することです。これは 1 つの画像に一般に複数の検出物体が存在するからです。さらに、複数の BBox

---

注5 実際はバッチ処理になっているので、(batch_size, 8732, 4) と (batch_size, 8732) となっています。

があってもそこに対応する DBox0 は異なっているという仮定があることにも注意してください。つまり、8,732 個の各 DBox に対してオフセット d0 が計算されますが、そのオフセットに対して元になっている BBox は同一であるとは限りません。

match 関数の処理内容の例を**図 2.13** に示します。図では 1 つの教師データに対して 3 つの BBox（BBox1、BBox2、BBox3）とそれらに対するラベル（label1、label2、label3）がある状況です。8,732 個の各 DBox に対する BBox とその IOU の値とラベルを求めます。具体的には、この場合、BBox は BBox1、BBox2、BBox3 の 3 つあり、それらとの IOU を求め、最も大きな IOU 値を持つ BBox が対応する BBox です。この対応する BBox との IOU 値とその BBox のラベルをまず求めます。そして、この IOU 値が 0.5 以上であった場合、その DBox を Positive DBox とし、0.5 未満のものを Negative DBox とします。もし k 番目の DBox が Positive DBox であった場合に対応する BBox に対してのオフセット d0 を、loc_t[k] に代入します。また、対応する BBox のラベルを conf_t[k] に代入します。

図 2.13 では、k 番目の DBox では 3 つの IOU は 0.1、0.6、0.2 となっており、最大値 0.6 は 0.5 以上なので、k 番目の DBox は Positive DBox になります。そして 0.6 に対応する BBox は BBox2 なので、BBox2 に対する k 番目の DBox のオフセット d0 を loc_t[k] に代入します。また、BBox2 のラベル label2 を conf_t[k] に代入します。一方、8,731 番目の DBox では 3 つの IOU は 0.4、0.3、0.2 であり、最大値 0.4 が 0.5 未満です。そのため、8,731 番目の DBox は Negative DBox となります。Negative DBox の場合は、loc_t は無視して、conf_t には背景のラベル値 0 を与えます。つまり、**図 2.13** では conf_t[8731] = 0 です。

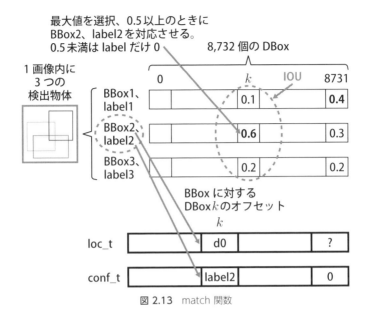

図 2.13 match 関数

2.10.3 利用する Negative DBox の選択

match 関数の返す配列 loc_t と conf_t を用いて損失値を計算します。loc_t は Positive DBox だけのものを利用して損失値 lossL を計算しますが、conf_t は Positive DBox だけでなく、Negative DBox も含めて損失値 lossC を計算しなければなりません。ただし、8,732 個ある DBox のほとんどは Negative DBox になっているはずです。つまり、Positive DBox と Negative DBox の数はバランスが悪く、conf_t の全体から lossC を計算すると、ほとんどが背景と識別されるようになってしまいます。これを回避するために、lossC を計算するのに利用する Negative DBox の個数を、Positive DBox の個数の定数倍に制限します。この定数はコード上では neg_pos で実装され、neg_pos = 3 になっています。

Negative DBox を制限する個数は上記のとおりですが、どの Negative DBox を利用するかが問題です。この利用する Negative DBox の選択方法を、Hard Negative Maining と言います。SSD ではラベルの予測がうまくいっていないものを優先して選びます。Negative DBox でラベルの予測がうまくいっているかどうかは、交差エントロピー誤差を用いて測ります。具体的には、各

Negative DBox に対して、ネットワークからの出力 conf_out を利用すると、ラベルの予測分布が得られます。ラベルの予測分布から、背景のラベル 0 に対する交差エントロピーを計算できます。この値の大きなものが「ラベルの予測がうまくいっていないもの」となります。

2.10.4　SmoothL1Loss と交差エントロピーによる損失値算出

オフセットからの損失値 lossL の計算は、Positive DBox に対しては正解となるオフセット loc_t と、それら DBox に対して予測したオフセット loc_out との誤差により測ります。そしてこの誤差は、SSD では SmoothL1Loss 関数[注6]を利用して計算されます。

SmoothL1Loss 関数の定義は以下です。

$$loss(x, y) = \frac{1}{n} \sum_{i=1}^{n} z_i$$

where

$$z_i = \begin{cases} 0.5 \cdot (x_i - y_i)^2 & (|loc_t - loc_{out}| < 1) \\ |x_i - y_i| - 0.5 & (\text{otherwise}) \end{cases}$$

ここで n は x（および y）の要素数です。SSD の場合は x が loc_t、y が loc_out で、n は Positive DBox の個数を意味します。

ラベルからの損失値 lossC の計算は、Positive DBox と前節で選出された Negative DBox に対する正解となるラベル conf_t と、それら DBox に対して予測したラベル conf_out との誤差により測ります。そしてこの誤差は、SSD では交差エントロピー関数を利用して計算されます。

具体的には以下の式で計算されることになります。

$$-\log \left(\frac{\exp(conf_{out}[conf_t[k]])}{\sum_i \exp(conf_{out}[i])} \right)$$

conf_t は 8,732 次元のベクトルです。各次元の値はその次元に対応する

注6　Huber loss 関数とも呼ばれます。

DBox のラベルとなります。つまり整数値です。conf_out は 8732×21 の配列です。各 DBox に対する予測ラベルの分布を表しています。

2.11 学習プログラム全体の実装

ここまでに説明したものを利用して、SSD の学習プログラムを構築できます。学習プログラムは第 1 章で説明した「プログラムのひな型」に沿っているので、理解は容易です。

ただし、「プログラムのひな型」の (1) にある「データの準備・設定」の部分は面倒です。

2.11.1 学習用データの準備と設定

学習用データとして、ここでは VOC データセットと呼ばれるデータセットを利用します。VOC データセットは、PASCAL が主催した物体検出のコンテストで使用されたデータセットです。VOC データセットのうち 2012 年度のデータを利用します。以下からダウンロードできます注7。

```
http://host.robots.ox.ac.uk/pascal/VOC/voc2012/VOCtrainval_11-
May-2012.tar
```

ダウンロードしたファイルを展開すると、**図 2.14** のディレクトリ構造を得られます。

注7　このファイルのサイズは約 2GB ありますので、ダウンロードにはご注意ください。

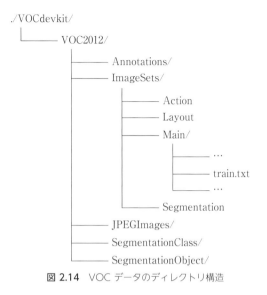

図 2.14 VOC データのディレクトリ構造

SegmentationClass、SegmentationObject はここでは必要ないので、削除しても構いません。

JPEGImages に学習データの画像があります。対応する教師データは Annotations にあり、ファイル名で対応付けられています。例えば JPEGImages の下にある 2007_001763.jpg という画像に対する教師データは、Annotations の下にある 2007_001763.xml です。ファイルの拡張子からわかるように、教師データは XML 形式で記述されています。この形式自体は PyTorch や物体検出のアルゴリズムとは無関係ですので、説明は省きます。

そして訓練データとして利用するファイルは、ImageSets の下の Main の下にある train.txt に記述されています。

ここでは以下のプログラムを利用して、教師データは辞書 ans に保存しておくことにします。VOCdevkit の上のディレクトリで以下を実行してください注8。

```
$ python ann2list.py
saved ans.pkl, number of data is  5717
```

注8　diffcult の物体は除いています。データ数は 5,717 件となります。

辞書 ans が pickle の形式で、ans.pkl として保存されます。辞書 ans は画像ファイル名が key、BBox のリストが value となっている辞書です。本書での物体検出の学習では、このファイルを読み込んで利用することにします。

▌ann2list.py

```python
import xml.etree.ElementTree as ET
import pickle
import numpy as np

voc_classes = ['aeroplane', 'bicycle', 'bird', 'boat',
               'bottle', 'bus', 'car', 'cat', 'chair',
               'cow', 'diningtable', 'dog', 'horse',
               'motorbike', 'person', 'pottedplant',
               'sheep', 'sofa', 'train', 'tvmonitor']

dirpath = './VOCdevkit/VOC2012/Annotations/'
datadic = {}

f = open('./VOCdevkit/VOC2012/ImageSets/Main/train.txt','r')
files = f.read().split('\n')

num = 0
for filename in files:
    if filename == '':
        break
    xmlfile = filename + ".xml"
    xml = ET.parse(dirpath + xmlfile).getroot()
    size = xml.find('size')
    w = int(size.find('width').text)
    h = int(size.find('height').text)
    objdata = []
    for obj in xml.iter('object'):
        difficult = int(obj.find('difficult').text)
        if difficult != 0:
            continue
        num += 1
        name = obj.find('name').text.lower().strip()
```

```
        bbox = obj.find('bndbox')
        xmin = (float(bbox.find('xmin').text) - 1.0)/float(w)
        ymin = (float(bbox.find('ymin').text) - 1.0)/float(h)
        xmax = (float(bbox.find('xmax').text) - 1.0)/float(w)
        ymax = (float(bbox.find('ymax').text) - 1.0)/float(h)
        if name in voc_classes:
            objdata.append([xmin, ymin, xmax, ymax,
                float(voc_classes.index(name))])
    if (len(objdata) > 0):
        datadic[filename] = np.array(objdata)
        num += 1
        print(num)


with open('ans.pkl','bw') as fw:
    pickle.dump(datadic,fw)

print('saved ans.pkl, number of data is ',len(datadic))
```

このプログラムから明らかなように、VOC データセットで検出する物体の種類は、以下の 20 種類です。

　aeroplane, bicycle, bird, boat, bottle, bus, car, cat,
　chair, cow, diningtable, dog, horse, motorbike, person,
　pottedplant, sheep, sofa, train, tvmonitor

この順番（アルファベット順）でラベルの番号（0 から 19）を振ることにします。ただし、SSD の内部の処理では、上記 20 種類のどの物体でもない「背景」のラベル 0 を用意するため、実際の物体のラベル番号は +1 されます。結局、ラベルの種類数は 21 です。

2.11.2　入力画像の前処理

さて、JPEG の画像を読み込んでネットワークに入力できる形に変形しなければなりません。一般に前処理と呼ばれる処理です。前処理にはさまざまな処理がありますが、形状をネットワークに合わせることと、平均画像を引くこと

の 2 点が一般的です。

SSD での入力画像の形式は (channel, height, width) であり、具体的な形状は [3,300,300] です。色の順序は RGB です。ここでは OpenCV[注9]の imread を利用して画像を読み込むので、読み込んだ直後には形状が (height, width, channel) で、かつ色の順序は BGR になっています。また、本書で利用するデータセットの場合、平均画像は (104.0, 117.0, 123.0) です。

これらの点から、前処理の部分は以下のようになります。

| myssd0.py

```
image = cv2.imread(filename)
x = cv2.resize(image, (300, 300)).astype(np.float32)
x -= (104.0, 117.0, 123.0) # 平均画像を引く
x = torch.from_numpy(x[:,:,(2,1,0)]).permute(2,0,1)
```

オリジナルのソースコードでは、上記の前処理にさらに Data Augumentation という手法を取り入れています。実は SSD では、前処理に Data Augumentation を行わないとうまく学習ができません。そのため最終的には導入すべき処理なのですが、この処理は少し複雑で、学習のアルゴリズムとも無関係です。そのため、ここでは SSD のアルゴリズムの理解を優先して、実装には含めず、第 3 章で説明することにします。

2.11.3 学習プログラム

「プログラムのひな型」の (1) ができたので、残りの (2) から (5) を加えて、全体の実装は以下のようになります。注意として、このプログラムでは batch_size は 30 となっていますが、8GB サイズの GPU でないと、GPU のメモリ不足のエラーが出ます。ご自身のマシンに応じてこの値は調整してください。

注9 OpenCV のインストールは以下で行えます。
```
pip install opencv-python
```

▌myssd0.py

```python
## (1) データの準備と設定
device = torch.device("cuda:0" if torch.cuda.is_available() else "cpu")
batch_size = 30
epoch_num = 15
ans = pickle.load(open('ans.pkl', 'rb'))
files = list(ans.keys())
datanum = len(files)
dirpath = './VOCdevkit/VOC2012/JPEGImages/'

## (2) モデルの定義
from mynet import SSD

## (3) モデルの生成、損失関数、最適化関数の設定
##    (3.1) モデルの生成
net = SSD()
net.to(device)

##    (3.2) 損失関数の設定
optimizer = optim.SGD(net.parameters(),
                      lr=1e-3,momentum=0.9,
                      weight_decay=5e-4)

##    (3.3) 最適化関数の設定
from multiboxloss import MultiBoxLoss
criterion = MultiBoxLoss(device=device)

## (4) 学習
net.train()
for ep in range(epoch_num):
    random.shuffle(files)
    xs, ys, bc = [], [], 0
    for i in range(datanum):
        file = files[i]
        if (bc < batch_size):
            filename = str(dirpath) + str(file) + ".jpg"
            image = cv2.imread(filename)
```

```python
        x = cv2.resize(image, (300, 300)).astype(np.float32)
        x -= (104.0, 117.0, 123.0)
        x = torch.from_numpy(x[:,:,(2,1,0)]).permute(2,0,1)
        y =  ans[file]
        xs.append(torch.FloatTensor(x))
        ys.append(torch.FloatTensor(y))
        bc += 1
    if ((bc == batch_size) or (i == datanum - 1)):
        images = torch.stack(xs, dim=0)
        images = images.to(device)
        targets = [ y.to(device) for y in ys ]
        outputs = net(images)
        loss_l, loss_c = criterion(outputs, targets)
        loss = loss_l + loss_c
        print(i, loss_l.item(), loss_c.item())
        optimizer.zero_grad()
        loss.backward()
        nn.utils.clip_grad_value_(net.parameters(), clip_value=2.0)
        optimizer.step()
        loss_l, loss_c  = 0, 0
        xs, ys, bc = [], [], 0

## (5) モデルの保存（各epochでモデルを保存）
    outfile = "ssd0-" + str(ep) + ".model"
    torch.save(net.state_dict(),outfile)
    print(outfile," saved")
```

2.12 モデル出力からの物体検出処理

学習済みのモデルを利用して入力画像から実際に物体検出を行う場合、モデルを生成するときに phase='test' として、学習済みのモデルを読み込みます。

モデルに対する forward 関数の最後の部分は、以下のようになっています。

mynet.py

```
if self.phase == 'test':
    return self.detect.apply(output,self.num_classes)
else:
    return output
```

つまり、学習の場合にネットワークが出力する output とクラス数 self.num_classes を関数 detect.apply に入力することで、実際の検出結果を構築します[注10]。

2.12.1 Non-Maximum Suppression

SSD のネットワークが出力する情報は、8,732 個の検出結果を持っています。関数 detect は本質的にこれらの中から適切な検出結果を取り出す処理です。適切な検出結果を取り出すには conf_out を利用して確信度の高いものだけ抜き出せばよいように思いますが、それだけでは不十分です。なぜなら、画像中の同じ物体に対して異なる BBox が複数存在する場合があるからです。このような場合に 1 つの物体に対して 1 つの BBox だけを残す処理が、Non-Maximum Suppression という処理です（**図 2.15**）。

注10　単に detect ではなく detect.apply としている理由は後述します。

同じ物体に対する
BBox を検出

最も信頼度の高い
BBox だけを残す

図 2.15 Non-Maximum Suppression

Non-Maximum Suppression の処理は、DBox priors とオフセット loc_out から、確信度が閾値 0.01 以上の DBox に対して BBox を作成します。それらの BBox の中で重なりが overlap=0.5 以上である場合に、それらの BBox は同じ物体に対する BBox と判断します。この処理によって同じ物体に対する BBox を集めて、その中で最大の信頼度を持つ BBox だけを取り出す処理が、Non-Maximum Suppression です。

Non-Maximum Suppression の実装も複雑なので、オリジナルのソースコードのものを利用します。オリジナルのソースコードでは関数 nms として実装されています。ここでは myfunctions.py というファイルに入れました。nms は Detect クラスの関数（本書では detect）の中で呼び出されます。入力の第 1 引数 boxes はある確信度以上の BBox の集合です。第 2 引数 scores はそれらの conf_out 値の集合です。返り値の keep はリストで、Non-Maximum Suppression の処理から得られた BBox のインデックスが確信度の高い順に入ります。また cout は、keep の大きさです。

2.12.2　detection の実装

前述した nms を利用して、detect を作成します。具体的には Detect というクラスを作成し、そこから生成されたインスタンスを detect とします。つまり、Detect クラスの forward メソッドの処理が detect の処理になりま

す。Detect クラスの実装も、基本的にオリジナルのソースコードを利用します。ここでは detection.py というファイルに入れました。

ただしオリジナルのソースコードのままだと、PyTorch のバージョンの違いからエラーが出るので、Detect クラスのインスタンスの属性はすべて detect の引数にしています。これなら detect を関数として独立させてもよいのですが、ネットワークの定義部分はオリジナルのソースコードの形に近くしたかったので、Detect クラスは残して、forward の部分は detect.apply を利用して実行する形にしました。

detect の入出力を確認しておきます。入力は SSD のモデルの forward の出力です。つまり、loc_data、conf_data、prior_data のタプルである output とラベルの種類数 self.num_classes です。ほかにも nms で必要になる引数を指定できる形にしています。そして、detect の出力は [batch_size, 21, 200, 5] の配列です。各ラベルに対して信頼度の高い上位 200 個の信頼度（確率）と BBox が出力されます。上位 200 個といっても、上位の数個以外はほとんどが 0 です。

▎detection.py

```python
class Detect(Function):
    def forward(self, output, num_classes,
                top_k=200, variance=[0.1,0.2],
                conf_thresh=0.01, nms_thresh=0.45):
        loc_data, conf_data, prior_data = output[0], output[1], output[2]
        # conf_dataは各クラスの信頼度、[ bs, 8732, num_classes ]
        # 信頼度の部分をSoftmaxで確率に直す
        softmax = nn.Softmax(dim=-1)
        conf_data = softmax(conf_data)
        # numはbatchの大きさ
        num = loc_data.size(0)
        # 出力の配列を準備、中身は今は0、[ bs, 21, 200, 5 ]
        output = torch.zeros(num, num_classes, top_k, 5)
        # conf_data [bs, 8732, num_classes]を
        # [bs,num_classes,8732]に変形してconf_predsと名付ける
        conf_preds = conf_data.transpose(2, 1)
        # Decode predictions into bboxes.
        for i in range(num):  # バッチ内の各データの処理
```

```python
            # loc_dataとDBoxからBBoxを作成
            decoded_boxes = decode(loc_data[i], prior_data, variance)
            # conf_predsをconf_scoresにハードコピー
            conf_scores = conf_preds[i].clone()
            for cl in range(1, num_classes): # 各クラスの処理
                # conf_scoresで信頼度がconf_thresh以上のindexを求める
                c_mask = conf_scores[cl].gt(conf_thresh)
                # conf_thresh以上の信頼度の集合を作る
                scores = conf_scores[cl][c_mask]
                # その集合の要素数が0、つまりconf_thresh以上はない
                # これ以降の処理はなしで、次のクラスへ
                if scores.size(0) == 0:
                    continue
                # c_maskをdecoded_boxesに適用できるようにサイズ変更
                l_mask = c_mask.unsqueeze(1).expand_as(decoded_boxes)
                # l_maskをdecoded_boxesに適用、1次元になる
                # view(-1, 4)でサイズを戻す
                boxes = decoded_boxes[l_mask].view(-1, 4)
                # boxesに対してnmsを適用、
                # idsはnmsを通過したBBoxのindex
                # countはnmsを通過したBBoxの数
                ids, count = nms(boxes, scores, nms_thresh, top_k)
                # 上記の結果をoutputに格納
                output[i, cl, :count] = \
                    torch.cat((scores[ids[:count]].unsqueeze(1),
                               boxes[ids[:count]]), 1)
        return output
```

2.13 推論プログラムの実装

推論プログラムは SSD のモデルを phase='test' で生成して、既存のモデルからパラメータをロードします。入力画像に対して、先の detect 関数が起動されるので、ある閾値（実装では 0.6）以上の BBox を入力画像に追加で描き込んで表示します。BBox の描き込みは OpenCV の機能を使い、画像の表示には matplotlib を利用することにします。ここで注意として、本章で示した myssd0.py を使ってモデルを作成しても、そのモデルではまともな検出結果は得られないと思います。それなりの結果を得るには次章で説明する vgg 部分に既存の vgg16 を用いたり、Data Augmentation の処理を追加する必要があります。

以下のプログラムを mytest.py として保存して、第 1 引数に入力画像、第 2 引数に保存されているモデルを指定して起動すれば、物体検出の出力を得られます。

```
$ python mytest.py sample.jpg ssd-50.model
```

▌mytest.py

```python
import sys
import torch
import torch.nn as nn
import numpy as np
import cv2
from matplotlib import pyplot as plt
from mynet import SSD
from myfs import decode

argvs = sys.argv
argc = len(argvs)

net = SSD(phase='test')
net.load_state_dict(torch.load(argvs[2]))
```

```
image = cv2.imread(argvs[1], cv2.IMREAD_COLOR)
rgb_image = cv2.cvtColor(image, cv2.COLOR_BGR2RGB)
# <-- rgb_imageは最後の出力画像を出すときに使う
x = cv2.resize(image, (300, 300)).astype(np.float32)
x -= (104.0, 117.0, 123.0) # 平均画像を引く
x = x[:, :, ::-1].copy()  # BGRをRGBへ
x = x.transpose(2, 0, 1)  # [300,300,3]→ [3,300,300]
x = torch.from_numpy(x)
x = x.unsqueeze(0)

net.eval()
with torch.no_grad():
    y = net(x)

labels = ['aeroplane', 'bicycle', 'bird', 'boat',
          'bottle', 'bus', 'car', 'cat', 'chair',
          'cow', 'diningtable', 'dog', 'horse',
          'motorbike', 'person', 'pottedplant',
          'sheep', 'sofa', 'train', 'tvmonitor']

plt.figure(figsize=(10,6))
colors = plt.cm.hsv(np.linspace(0, 1, 21)).tolist()
plt.imshow(rgb_image)
currentAxis = plt.gca()
detections = y.data
scale = torch.Tensor(rgb_image.shape[1::-1]).repeat(2)
for i in range(detections.size(1)):
    j = 0
    # 確信度confが0.6以上のボックスを表示
    while detections[0,i,j,0] >= 0.6:
        score = detections[0,i,j,0]
        label_name = labels[i-1]
        display_txt = '%s: %.2f'%(label_name, score)
        pt = (detections[0,i,j,1:]*scale).cpu().numpy()
        coords = (pt[0], pt[1]), pt[2]-pt[0]+1, pt[3]-pt[1]+1
        color = colors[i]  ## クラスごとに色が決まっている
        currentAxis.add_patch(plt.Rectangle(*coords, fill=False,
```

```
                                          edgecolor=color, linewidth=2))
            currentAxis.text(pt[0], pt[1], display_txt,
                          bbox={'facecolor':color, 'alpha':0.5})
            j+=1
plt.show()
```

第3章

SSDに関連した話題

3.1 既存の画像識別モデルの利用

　物体検出のシステムには、そのバックボーンとして画像識別モデルが組み込まれているのが一般的です。この部分は別のモデルに置き換えることもできるのですが、それよりも、学習時に既存の画像識別モデルパラメータをその部分の初期値として用いることで学習を効率化する方がよいでしょう。

　実際に SSD には画像識別モデルとして vgg16 が組み込まれていますので、この既存モデルを利用できます。オリジナルのソースコードでもその利用を前提としており、利用しないとなかなかうまく学習ができません。

　SSD で利用する vgg16 の既存モデルは、以下からダウンロードできます。

　　https://s3.amazonaws.com/amdegroot-models/vgg16_reducedfc.pth

　利用するには、以下のようにパラメータ部分を指定してコピーします。

▎myssd1.py

```
net = SSD()
# 以下の2行を追加
vgg_weights = torch.load('vgg16_reducedfc.pth')
net.vgg.load_state_dict(vgg_weights)
```

3.2 SSD の DataLoader

PyTorch では、データの読み込みに DataLoader というモジュールを使うことが標準になっています。DataLoader を使うのは少し複雑ですが、これを使えばバッチ処理やデータのシャッフルを自動で行えます。また、データの前処理も一緒に行うこともでき、メインのプログラムもすっきりするので、慣れると使い勝手が良くなります。ただし、SSD では教師信号が BBox の位置とラベルという特殊な形式なので、使うには少しだけ工夫が必要です。

3.2.1 DataLoader 利用の基本 3 要素

標準的に DataLoader を利用するには、以下の 3 つの設定を行う必要があります。

● 前処理に対応するクラスの作成

前処理に対応するクラスを設定します。クラス名は何でもよいですが、`__call__` メソッドを準備し、実際の前処理をそこに記述しておきます。そのクラスから生成される関数が、通常 `transformers` と名付けられて `transformers` が呼び出されると `__call__` の中身、つまり前処理が実行されます。`torchvision` の中には `transformers` という関数がありますが、単に自前の関数を順に実行するだけの前処理なら、`torchvision` の中の `transformers` を利用する方が簡単かもしれません。また、この関数の入出力ですが、入力は訓練データの x とその教師信号（通常、ラベル）の y のタプルです。出力は x の前処理結果である x' と y のタプルです。

本書の `myssd0.py` では前処理として、OpenCV の `imread` で読み込んだ画像を 300×300 にリサイズして、float 型に型変換し、平均画像を引き、BGR の色の順序を RGB に変更して、最後に形状を [3, 300, 300] に変更する前処理を行っています。`myssd0.py` のコードでは以下の部分です。

▌myssd0.py

```python
image = cv2.imread(filename) # 画像の読み込み
# リサイズし、floatへ
x = cv2.resize(image, (300, 300)).astype(np.float32)
# 平均画像を引き
x -= (104.0, 117.0, 123.0)
# 形状を[3, 300, 300]に変更
x = torch.from_numpy(x[:,:,(2,1,0)]).permute(2,0,1)
```

上記の前処理の部分をクラスにします。

▌mydataloader.py

```python
class PreProcess(object):
    def __init__(self):
        pass
    def __call__(self, xy):
        x, y = xy
        x = cv2.resize(x, (300, 300)).astype(np.float32)
        x -= (104.0, 117.0, 123.0)
        x = torch.from_numpy(x[:,:,(2,1,0)]).permute(2,0,1)
        return (x,y)
```

● データセットを作成するクラスの作成

このクラスは有名なデータセットに対してはシステム側で用意されていることも多いのですが、自前のデータに対して DataLoader を使いたい場合もあるので、自作できるようにしておくとよいでしょう。

このクラスは torch.utils.data.Dataset というクラスを継承します。ポイントは、データセットのデータ数を返す__len__というメソッドと、データセットから順番にデータを取り出す__getitem__というメソッドを実装することです。この__getitem__の入力は、データセットのデータを示す index 番号です。出力はその index 番号のデータです。

概略すると、DataLoader はこのクラスから作成されるデータセットを利用して、データを集めてバッチとしてまとめます。つまり、先の__getitem__の内部で前処理を行えばよいわけです。

▌mydataloader.py

```python
prepro = PreProcess()

class MyDataset(torch.utils.data.Dataset):
    def __init__(self, ansdic, dirpath, prepro):
        self.ans = ansdic
        self.dirpath = dirpath
        self.files = list(self.ans.keys())
        self.prepro = prepro
    def __len__(self):
        return len(list(self.ans.keys()))
    def __getitem__(self, idx):
        file = self.files[idx]
        filename = str(dirpath) + str(file) + ".jpg"
        x = cv2.imread(filename)
        y = self.ans[file]
        return (x,y)
```

- DataLoader クラスのパラメータ設定

利用する dataloader は、torch.utils.data.DataLoader というクラスが用意されているのでこのクラスから生成します。その際に与えるパラメータが重要です。第 1 引数は必須で、Dataset クラスから生成される dataset です。このほかに、batch_size という引数でバッチサイズを設定し、shuffle という引数でデータをシャッフルするかどうかを指定します[注1]。

▌mydataloader.py

```python
prepro = PreProcess()
dirpath = './VOCdevkit/VOC2012/JPEGImages/'
ans = pickle.load(open('ans.pkl', 'rb'))
dataset = MyDataset(ans, dirpath, prepro)
```

上記の設定から以下のように dataloader を設定できますが、このまま

注1 通常はシャッフルするので True を設定します。

ではエラーが出ます。対処方法については次項で説明します。

```
dataloader = DataLoader(dataset,batch_size=4, shuffle=True)
```

3.2.2 自前の collate_fn

上記に記した dataloader ではエラーが出て動きません。DataLoader ではバッチで集めたデータを、関数 collate_fn を呼び出して torch.stack により 1 つの tensor の配列に直すだけだからです。コード的には以下です。

```
def collate_fn(batch):
    images, targets= list(zip(*batch))
    images = torch.stack(images)
    targets = torch.stack(targets)
    return images, targets
```

1 行目で取り出される targets は各画像データの教師信号である BBox とラベルの情報であり、5 次元のベクトルのリストになっています。このリストの大きさがバッチ内のデータで揃っていないために、エラーが出るわけです。

DataLoader ではこの関数 collate_fn を自前の関数に置き換えることができます。実際にほしいのは 5 次元のベクトルのリストのリストなので、以下のような関数を作ります。

▌mydataloader.py

```
def my_collate_fn(batch):
    images, targets= list(zip(*batch))
    return images, targets
```

これを使った dataloader を以下のように作ります。

```
dataloader = DataLoader(dataset,batch_size=4, shuffle=True,
collate_fn=my_collate_fn)
```

3.2.3 DataLoader を使った 学習のループ部分

DataLoader を使って、myssd1.py の学習のループ部分は以下のように簡潔に書けます。

▌myssd2.py

```
...
from mydataloader import *
...

batch_size = 30
prepro = PreProcess()
dirpath = './VOCdevkit/VOC2012/JPEGImages/'
ans = pickle.load(open('ans.pkl', 'rb'))
dataset = MyDataset(ans, dirpath, prepro)
dataloader = DataLoader(dataset,batch_size=batch_size, shuffle=True,
                        collate_fn=my_collate_fn)
epoch_num = 15

net.train()
for ep in range(epoch_num):
    i = 0
    for xs, ys in dataloader:
        xs  = [ torch.FloatTensor(x) for x in xs ]
        images = torch.stack(xs, dim=0)
        images = images.to(device)
        targets = [ torch.FloatTensor(y).to(device) for y in ys ]
        outputs = net(images)
        loss_l, loss_c = criterion(outputs, targets)
        loss = loss_l + loss_c
        print(i, loss_l.item(), loss_c.item())
        optimizer.zero_grad()
        loss.backward()
        nn.utils.clip_grad_value_(net.parameters(), clip_value=2.0)
        optimizer.step()
        loss_l, loss_c  = 0, 0
        xs, ys, bc = [], [], 0
```

```
    i += 1
outfile = "ssd2-" + str(ep) + ".model"
torch.save(net.state_dict(),outfile)
print(outfile," saved")
```

SSD の Data Augmentation

Data Augmentation は、教師データの水増し手法です。例えば画像識別において、犬の画像を反転させてもその画像は犬の画像であることに変わりはないので、その反転させた画像を同じラベル「犬」を付けて教師データに加えることができます（**図 3.1**）。

反転

図 3.1　画像の反転

　このように教師データの画像を何らかの形で変換して教師データを増やす手法が、Data Augmentation です。Data Augmentation は画像識別ではかなり効果が高く、実際のシステム構築の際には必ず使われます。

　物体検出に対しても Data Augmentation は効果があると言われています。例えば SSD のオリジナルのソースコードが置かれている Web ページ[注2]には、Data Augmentation 使って学習させた SSD モデルと、Data Augmentation 使わずに学習させた SSD モデルとの性能比較が示されています。VOC2007 のテストデータに対して mAP で評価したところ、Data Augmentation を使わずに学習させた SSD モデルの mAP は 58.12% であったのに対し、Data Augmentation を使って学習させた SSD モデルの mAP は 77.43% となっています。約 20% 弱の改善があり、Data Augmentation の効果は絶大と言えます。

注2　https://github.com/amdegroot/ssd.pytorch

　SSD の Data Augmentation は、教師データを増やすというイメージとは少し異なります。SSD では学習データに対してランダムに Data Augmentation の手法を利用して、学習データを変換しています。つまり、学習の epoch ごとに少し異なる学習データが与えられるという形です。

　オリジナルのソースコードでは、Data Augmentation の実装は augmentations.py にまとめられています。その中で PhotometricDistort、Expand、RandomSampleCrop、RandomMirror の 4 つの変換を順に行うことで、Data Augmentation を行っています。

　PhotometricDistort では色の変換、Expand では拡大縮小、RandomSampleCrop では切り出し、RandomMirror では反転が行われます。これらの程度はランダムなので、Data Augmentation による変換結果はさまざまです。

　変換例を**図 3.2** に示します。SSD では、Data Augmentation によって入力画像のサイズの変換や BBox の正規化の変換も同時に実施しています。

Data
Augmentation

Size：480×640
BBox：
[[65, 272, 248, 537],
　[208, 98, 469, 594]]

Size：300×300
BBox：
[[0.477, 0.290, 0.877, 0.817],
　[0.,　　0.,　　0.565, 0.930]]

図 3.2　Data Augmentation による画像の変換

　上記の Data Augmentation を myssd2.py に追加するには、前処理の部分を改良します。augmentations.py で定義されている Data Augmentation のクラス SSDAugmentation をそのまま使うことにしましょう。これは myssd2.py で使った PreProcess の処理を含んでいます。

　myssd3.py では、PreProcess クラスと MyDataset クラスを以下のように
変更しました。

▌myssd3.py

```python
from augmentations import import SSDAugmentation

class PreProcess(object):
    def __init__(self,augment):
        self.augment = augment
    def __call__(self, img, tch):
        x1 = tch[:,:4]
        x2 = tch[:,4]
        y0, y1, y2  = self.augment(img, x1, x2)
        img = y0[:, :, ::-1].copy()
        img = img.transpose(2, 0, 1)
        y3 = y2.reshape(len(y2),1)
        an = np.concatenate([y1, y3], 1)
        return (img, an)

class MyDataset(Dataset):
    def __init__(self, ansdic, dirpath, prepro):
        self.ans = ansdic
        self.dirpath = dirpath
        self.files = list(self.ans.keys())
        self.prepro = prepro
    def __len__(self):
        return len(list(self.ans.keys()))
    def __getitem__(self, idx):
        file = self.files[idx]
        filename = str(self.dirpath) + str(file) + ".jpg"
        x = cv2.imread(filename)
        y = self.ans[file]
        x, y  = self.prepro(x,y)
        return (x,y)
```

　また、この Data Augumentation を使う場合、MyDataset に読み込まれる
ansdic が破壊されてしまうので、1 epoch ごとに ansdic を作り直す必要が

あります。そのため、Data Augumentation を取り入れた `myssd3.py` の学習
部分のプログラムは以下のようになります。

▌myssd3.py

```
...
from augmentations import SSDAugmentation
from mydataloader2 import *
...

batch_size = 30
augment = SSDAugmentation()
prepro = PreProcess(augment)
dirpath = './VOCdevkit/VOC2012/JPEGImages/'
epoch_num = 15

net.train()
for ep in range(epoch_num):
    i = 0
    ans = pickle.load(open('ans.pkl', 'rb'))
    dataset = MyDataset(ans, dirpath, prepro)
    dataloader = DataLoader(dataset,batch_size=batch_size,
                            shuffle=True, collate_fn=my_collate_fn)
    for xs, ys in dataloader:
        xs  = [ torch.FloatTensor(x) for x in xs ]
        images = torch.stack(xs, dim=0)
        images = images.to(device)
        targets  = [ torch.FloatTensor(y).to(device) for y in ys ]
        outputs = net(images)
        loss_l, loss_c = criterion(outputs, targets)
        loss = loss_l + loss_c
        print(i, loss_l.item(), loss_c.item())
        optimizer.zero_grad()
        loss.backward()
        nn.utils.clip_grad_value_(net.parameters(), clip_value=2.0)
        optimizer.step()
        loss_l, loss_c  = 0, 0
        xs, ys, bc = [], [], 0
        i += 1
```

```
outfile = "ssd3-" + str(ep) + ".model"
torch.save(net.state_dict(),outfile)
print(outfile," saved")
```

物体検出システムの評価方法

物体検出のシステムの性能を客観的に評価するには、基本的に何らかのテストデータを用意して、そのテストデータに対する精度などを測るのが簡単です。問題は、利用するテストデータと精度の測り方です。

3.4.1　物体検出の評価データ

自身のシステムを改善していくだけなら、何らかのテストデータを用意するだけで済みます。改善前のシステムと改善後のシステムをそのテストデータを使って評価すれば、どの程度改善したかも大まかにわかります。

しかし、自身のシステムや考案した手法を他のシステムや手法と比較したい場合には、テストデータとして共通のものを利用する必要があります。そのような共通に利用するテストデータとしては、PASCAL VOC が有名です。以下が PASCAL VOC のサイトです。

```
http://host.robots.ox.ac.uk/pascal/VOC/
```

この中に VOC2005 から VOC2012 までの「The VOC20** Challenge」というリンクがあるので、そこから各年度のテストデータが得られます。学習やテストでよく利用されるのは、VOC2007 と VOC2012 です。例えば VOC2007 のテストデータは以下にあります。

```
http://host.robots.ox.ac.uk/pascal/VOC/voc2007/VOCtest_06-Nov-2007.
tar
```

上記のファイルをダウンロードして展開すると、以下のディレクトリ構造が得られます。

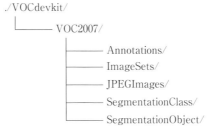

図 3.3 VOC2007 のテストデータのディレクトリ構造

これは学習で利用した VOC2012 のディレクトリ構造と同じです。ディレクトリ JPEGImages にあるのが画像データです。対応する教師データはディレクトリ Annotations にあり、ファイル名で対応付けられています。ImageSets、SegmentationClass、SegmentationObject はここでも必要ありません。

結局、この場合はテストデータも訓練データと同じ形式なので、学習と同じ処理で各テストデータに対するシステムの出力を得られます。

3.4.2 mAP (mean Average Precision)

物体検出の精度に対する評価尺度で標準的に利用されるのは、mAP (mean Average Precision) です。これは文字どおり AP の平均です。AP は各ラベルに対して算出されるもので、ラベルに対して AP の平均をとったものが mAP です。

例えば対象のラベルが dog と cat と person の 3 つであったとき、各ラベルに対して AP を計算し、それらが AP_{dog}、AP_{cat}、AP_{person} となったとき、mAP はそれらの平均となります。

$$mAP = \frac{AP_{dog} + AP_{cat} + AP_{person}}{3}$$

検出した BBox の正解／不正解の付与

ラベル C に対する AP を計算するにはまず、ラベル C として検出した BBox を持つ各テストデータに対して、その検出した BBox が正解か不正解かを判定します。

この部分は複雑なので、以下に具体例で説明します。

テストデータは 5 つ（1.jpg から 5.jpg）であり、注目するラベルは dog とし

ます。正解である dog の BBox を持つテストデータは、1.jpg、2.jpg、5.jpg の
3 つとします。そして、1.jpg には教師の dog の BBox が 2 つ、2.jpg には教師
の dog の BBox が 1 つ、5.jpg には教師の dog の BBox が 1 つ存在していたと
します。つまり、テストデータ全体に対して、教師となるラベル dog の BBox
は 4 つです。

　一方、検出した BBox の中でラベル dog のものを含むテストデータは 1.jpg
と 3.jpg と 5.jpg の 3 つだとします。そして 1.jpg には検出した dog の BBox が
3 つ、3.jpg には検出した dog の BBox が 1 つ、5.jpg には検出した dog の BBox
が 2 つ存在していたとします。つまり、テストデータ全体に対して、検出した
ラベル dog の BBox は 6 つです。そして、この 6 つの BBox に正解（T）か不
正解（F）かのタグを付けます。

　正解か不正解かのタグの付け方も少し複雑です。今、1.jpg には教師の dog
の BBox が 2 つあるので、それを A1 と A2 と名付けます。また、1.jpg には検
出した dog の BBox が 3 つありますが、それぞれに対してその信頼度が確率で
与えられているので、それらが順に 0.9、0.7、0.6 だったとします。そして、0.9
の BBox を B1、0.7 の BBox を B2、0.9 の BBox を B3 と名付けます。

　次に、各 Ak と各 Bk のそれぞれのペアに対して IOU の値を計算します。例
えばその結果が**表 3.1** のようになったとします。

	B1	B2	B3
A1	0.1	0.2	0.5
A2	0.6	0.7	0.1

表 3.1　教師の BBox と検出の BBox 間の IOU

この表から B1、B2、B3 に対して正解（T）か不正解（F）かのタグを付けま
す。B1、B2、B3 は検出信頼度が 0.9、0.7、0.6 でした。この信頼度が高い順に
以下の処理を行います。

1. 最大の IOU に対する Ak を選ぶ
2. Ak がまだ選ばれておらず IOU の値が 0.5 以上なら T
3. Ak が既に選ばれていれば F

　上記の手順を **表 3.1** に適用してみます。まず、最も信頼度の高い B1 に対して最大の IOU は、A2 に対する 0.6 です。これは 0.5 以上なので T です。次に信頼度の高い B2 に対して最大の IOU は、A2 に対する 0.7 です。ところが、A2 に対しては既に B1 で選ばれているので F です。最後の B3 に対して最大の IOU は、A1 に対する 0.5 です。A1 はまだ選ばれておらず、しかも 0.5 以上の値なので、これも T です。以上より、テストデータ 1.jpg のラベル dog を持つ検出した BBox（B1、B2、B3）に対して、**表 3.2** の結果が得られます。なお、正解の BBox には対応する教師の BBox の名前も入ります。

	信頼度	正解／不正解	対応する教師 BBox
B1	0.90	T	A2
B2	0.70	F	-
B3	0.60	T	A1

表 3.2　1.jpg で検出した BBox の信頼度と正解／不正解

　次に、テストデータ 3.jpg に対して上記と同じ処理を行います。ただし、3.jpg には dog のラベルを持つ教師となる BBox はありません。このため、3.jpg 内にある検出した dog のラベルを持つ BBox 1 個（B4 と名付けます）は自動的に F です。また、B4 の信頼度は 0.65 だったとします。

　次にテストデータ 5.jpg に対して、1.jpg のときと同じ処理を行います。5.jpg に対しては教師の BBox が 1 個、検出した BBox が 2 個（B5、B6 と名付けます）です。また、テストデータ全体に対してラベル dog を持つ教師 BBox は 4 つで、1.jpg のものは A1 および A2 と名付けていましたが、2.jpg のものは A3、5.jpg のものは A4 と名付けておきます。この設定で、1.jpg のときと同じ処理を行い、以下の結果が得られたとします。

	信頼度	正解／不正解	対応する教師 BBox
B5	0.95	T	A4
B6	0.75	F	-

表 3.3　5.jpg で検出した BBox の信頼度と正解／不正解

　以上の結果からテストデータのラベル dog に対しては以下の結果が得られ

ます。信頼度の高い順に並んでいることに注意してください。

	信頼度	正解／不正解	対応する教師 BBox
B5	0.95	T	A4
B1	0.90	T	A2
B6	0.75	F	-
B2	0.70	F	-
B3	0.60	T	A1

表 3.4 ラベル dog で検出した全 BBox の信頼度と正解／不正解

PR 曲線

ラベル C に対する AP を計算するには、ラベル C として検出した各 BBox に対して、その信頼度と T か F かのタグを利用して作られる PR（Precision Recall）曲線を利用します。

PR 曲線について、先の具体例を使って説明します。今、ラベル dog で検出したテストデータ全体に対する BBox の信頼度と正解／不正解は**表 3.4** のようになっています。

ここである信頼度の閾値 x を定めて、x 以上の信頼度を持つ BBox の正解数、不正解数から True Positive（TP）、False Positive（FP）および False Negative（FN）の数を確認しましょう[注3]。今、$x = 0.75$ としてみます。このとき**表 3.4** の信頼度が 0.75 以上のものに注目します。つまり B5、B1 および B6 に注目します。TP は正解の BBox 数です。これは B5 と B1 の 2 つなので TP= 2 です。次に FP は不正解の BBox 数です。これは B6 の 1 つなので、FP= 1 です。最後に FN ですが、これは教師の BBox の中で正解と対応付けられなかった BBox の数です。今、教師の BBox は A1 から A4 の 4 個で、正解 BBox の B5 に対応しているのが A4、B1 に対応しているのが A2 で 2 つです。つまり、正解と対応付けられなかった BBox の数は $4 - 2 = 2$ 個です。以上より FN= 2 です。

TP、FP および FN の値を利用して、Precision（P）と Recall（R）が以下のように定義されます。

[注3] True Negative（TN）というものもありますが、ここでは利用されません。

$$P = \frac{\text{TP}}{\text{TP} + \text{FP}}, \qquad R == \frac{\text{TP}}{\text{TP} + \text{FN}}$$

先の例では $P = 2/(2+1) \simeq 0.667$、$R = 2/(2+2) = 0.500$ となります。

上記の手順に従うことで信頼度の閾値 x を定めると P と R が求まりますので、それらを $P(x)$、$R(x)$ とします。先の例では $P(0.75) \simeq 0.667$、$R(0.75) = 0.500$ です。

そして AP とは $P(x)$ を $R(x)$ で平均したものとして定義されます。$r = R(x)$ とすれば、数式的には以下となります。

$$\text{AP} = \int_0^1 P(r)dr$$

この数式から、閾値 x を 0.0 から 1.0 まで動かしてできる点 $(R(x), P(x))$ はある曲線になりますが、この曲線の $0.0 \le R(x) \le 1.0$ の範囲での面積が AP であることを意味します。この曲線が PR 曲線と呼ばれています（**図 3.4**）。

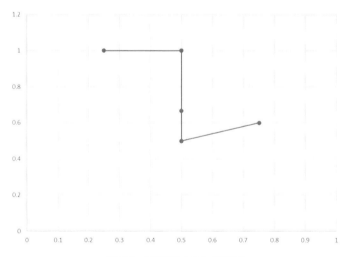

図 **3.4** 観測値からなる PR 曲線

これで AP が計算できそうですが、実はそうではありません。先ほど $P(0.75) \simeq 0.667$、$R(0.75) = 0.500$ と書きましたが、これは違います。AP を計算する際の $P(x)$ や $R(x)$ は真の $P(x)$ や $R(x)$ を想定しています。

$P(0.75) \simeq 0.667$ や $R(0.75) = 0.500$ というのは観測値であって、真の値とは異なります。つまり、**表 3.4** から得られる複数個の観測値から PR 曲線を推定する処理が必要です。

PR 曲線の推定には、PR 曲線は単調減少であることを利用して、Recall= 1 の点から累積的な最大値をとるように Precision の値を修正していきます。そして、修正した点を結んでできる階段関数のような曲線に対して面積をとって、AP の値を算出します。

表 3.4 から得られる AP を計算するために作られる PR 曲線は、**図 3.5** のようになります。$(0.5, 0.5)$ の点が $(0.5, 0.6)$ に修正されています。

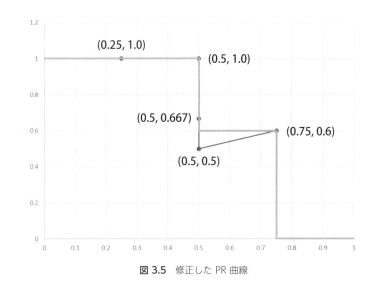

図 3.5 修正した PR 曲線

上記の曲線からラベル dog に対する AP は 0.65 となります。

$$0.5 \times 1 + 0.25 \times 0.6 + 0.25 \times 0 \simeq 0.65$$

上記は dog に対する AP ですが、同様に cat と person に対する AP を計算し、それらの平均をとることで mAP を計算できます。

mAP のツール

mAP を計算するツールは PASCAL VOC 2012 の Development Kit に入っ

ていますが、コードが Matlab です。これを Python に移植したものとしては、以下のサイトで公開されているものが有用です。

```
https://github.com/Cartucho/mAP
```

インストールは以下のとおりです。

```
$ git clone https://github.com/Cartucho/mAP.git
```

図 3.6 のようなディレクトリ構造が得られます。

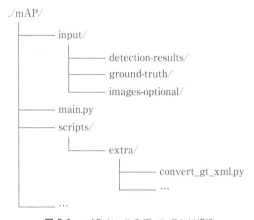

図 3.6 mAP ツールのディレクトリ構造

main.py が mAP を算出するプログラムです。ディレクトリ ground-truth の下に、教師データの教師信号のデータ（Annotation データ）を置きます。ディレクトリ detection-results の下に、検出結果のデータを置きます。ファイル名を同じにすることで対応をとっておきます。

ダウンロードした直後には ground-truth と detection-results にはサンプルが入っていますので、このサンプルを使ってプログラムを試せます。

```
$ python main.py -na
```

　結果として、output というディレクトリが作成され、その下に output.txt というファイルが作られます。このファイルに各クラスに対する AP と最終の mAP が記述されています。ほかにも**図 3.7** のような mAP のグラフなどが作成されます。

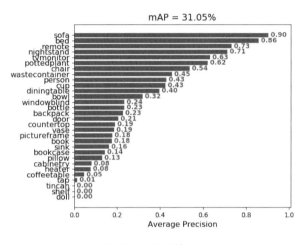

図 3.7　mAP のグラフ

　使い方は簡単ですが、ground-truth と detection-results に配置する BBox の表現指定の形式に合わせておかなければなりません。ground-truth は以下の形です。1 行が空白区切りの 5 要素です。

　　ラベル minx miny maxx maxy

また、detection-results は以下の形です。1 行が空白区切りの 6 要素です。

　　ラベル 信頼度 minx miny maxx maxy

　先に紹介した VOC2007 のテストデータの教師データの形式は、PASCAL VOC 形式と呼ばれる XML の形式です。これを上記の ground-truth の形式に変換するには convert_gt_xml.py を利用できますが、本書で示した ann2list.py を改変することでも簡単に行えます。

3.5 アノテーションツール（LabelImg）

　物体検出は訓練データを作るのが面倒です。画像は比較的容易に集められますが、対応する教師情報であるラベルや BBox の情報を付与するのは大変な作業です。特に BBox は、見ただけではその数値を判断できないため、何らかのアノテーションツールが必要です。

　物体検出のためのアノテーションツールはいくつかありますが、LabelImg というアノテーションツールが良い評価を受けています[注4]。

　インストール方法は公開先の以下の Web ページに詳しく記載されています。

```
https://github.com/tzutalin/labelImg
```

Windows の環境では以下を実行してインストールできます。

```
$ git clone https://github.com/tzutalin/labelImg.git
$ cd labelImg
$ pyrcc5 -o libs/resources.py resources.qrc
```

　使い方としては、まず、必要なラベルを data/predefined_classes.txt に記述しておきます。次に、以下のとおり起動すると、**図 3.8** のようなウィンドウが表示されます。

```
$ python labelImg.py
```

注4 ほかにも CVAT や VoTT などが人気があるようです。

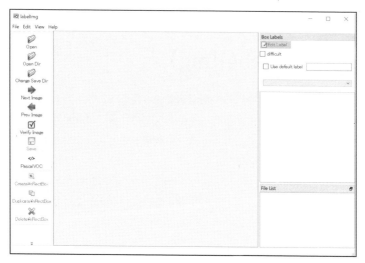

図 3.8 LabelImg の起動画面

　［Open Dir］でラベルを付ける画像の入ったディレクトリを選びます。さら
に［Change Save Dir］でアノテーションした結果を保存するディレクトリを
選びます。［Create RectBox］をクリックしてマウス操作でボックスを作成す
ると、候補のラベルを選択するウィドウが開くので、そこでラベルを選択しま
す（**図 3.9**）。すべての検出対象に対してボックス作成とラベル選択が終了し
たら、［Save］で保存します。［Next Image］で次の画像に移ります。

図 3.9 BBox の選択とラベルの入力

　なお、BBox の形式はデフォルトでは PASCAL VOC 形式（XML 形式）ですが、メニューの「File」内にある［PascalVOC］をクリックすると［YOLO］となって、YOLO 形式の保存に切り替わります。

3.6　既存モデルの利用

SSD の学習済みモデルは、例えば以下の場所にあります。

https://s3.amazonaws.com/amdegroot-models/ssd300_mAP_77.43_v2.pth

これは PASCAL VOC 2012 のほかに VOC 2007 の学習データも加えて学習された モデルであり、かなり高い精度で物体検出を行えます[注5]。

前章で示した mytest.py はモデルを指定して実行する形なので、上記のモデルを指定するだけで使えます。

```
$ python mytest.py test.jpg ssd300_mAP_77.43_v2.pth
```

また、PyTorch ではモデルの一部を既存モデルからコピーすることも簡単に行えます。myssd1.py、myssd2.py、myssd3.py でも、SSD モデルの一部である vgg のネットワークに既存の物体識別モデル vgg16 をコピーして、初期値として利用しています。

さらに、SSD モデルの学習において、学習済みの SSD のモデルのパラメータを初期値とすることも可能です。この場合も myssd3.py におけるモデルの生成と初期化の部分を以下のように変更するだけです。ただしこの場合、同じ訓練データで学習させても精度が向上するとは限りません。

```
net = SSD()
net_weights = torch.load('ssd300_mAP_77.43_v2.pth')
net.load_state_dict(net_weights)
```

注5　ファイル名から mAP が 77.43% であることがわかります。

3.7 SSDの転移学習

　転移学習とは、既存の学習モデルを別のタスクに利用する学習手法です。例えば画像識別において、犬と猫とを識別するモデルM0があったとします。新たに飛行機と鳥とを識別するモデルM1を作ろうとしたとき、飛行機と鳥の画像を沢山集めてM1を作ることも可能です。しかしそうして作られたM1であっても、その下層の部分のネットワークの重みは、M0の下層の部分のネットワークの重みとほとんど変わらないことが知られています。そのため、M1を学習する際に、その下層のパラメータをM0の下層のパラメータからコピーして利用すれば、学習に利用する訓練データが少なくて済み、学習時間も短縮されるので、効率的に学習を行えるようになります。

　転移学習の手法としては、上記したように既存モデルの下層の部分をコピーして利用する方法がよく知られています。このとき、コピーしたパラメータを凍結して残りのパラメータだけを学習させる方法と、コピーしたパラメータは初期値として扱い全体のパラメータを学習させる方法があります。後者の方法は、fine-tuningと呼ばれています。

　物体検出においても転移学習は有効です。特に物体検出の場合、アプリケーションに応じて検出したい物体が異なることが多いので、転移学習の技術を利用できます。

　SSDの転移学習では、ネットワークのどの部分を凍結するかが問題です。ここでは簡単な例を通して、凍結する方法と、残りの部分を学習する方法を示しておきます。

　今、オリジナルのSSDでは検出対象の物体は以下の20種類です。

```
'aeroplane', 'bicycle', 'bird', 'boat',
'bottle', 'bus', 'car', 'cat', 'chair',
'cow', 'diningtable', 'dog', 'horse',
'motorbike', 'person', 'pottedplant',
'sheep', 'sofa', 'train', 'tvmonitor'
```

　自身のアプリケーションでは、この中で cat と dog と person だけを検出できればよいとします。この場合、既存のモデル'ssd300_mAP_77.43_v2.pth'をそのまま使って cat、dog、person 以外のラベルの出力を無視してもよいのですが、ラベルを限定させて再学習させた方が精度が高くなる可能性があります。

　また、ここでは実装例を示すことが目的です。もしも検出したい対象が cat、dog、person ではなく、lion、tiger、bear であったとしても実装例に変化はありません。

　実装は SSD のモデルの中の 6 つある conf の部分以外を全部凍結して、6 つの conf 部分だけを変更することにします。まず通常の SSD のモデルを生成し、既存モデルのパラメータをコピーします。その後に cat、dog、person の 3 つのラベルに対応した新しい 6 つの conf 部分（new_conf）を作成し、先の SSD のモデルの conf を new_conf に付け替えてモデルを設定します（**図 3.10**）。後は通常の学習を行うだけです。

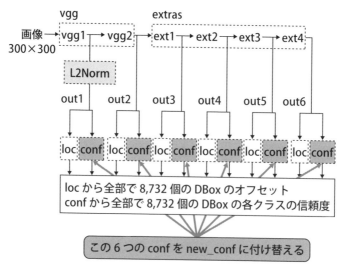

図 3.10 conf の付け替えによる SSD の転移学習

　通常の SSD のモデルを生成し、既存モデルのパラメータをコピーする方法は前節で示しました。以下のとおりです。

| myssd_trans.py

```
net = SSD()
net.load_state_dict(torch.load('ssd300_mAP_77.43_v2.pth'))
```

ここで生成されたモデル net の構造は、net 自身を print することで確認できます。以下の形になっています。

```
SSD(
  (vgg): ModuleList(
  ...
  (conf): ModuleList(
   (0): Conv2d(512, 84, ...)
   (1): Conv2d(1024, 126, ...)
   (2): Conv2d(512, 126, ...)
   (3): Conv2d(256, 126, ...)
   (4): Conv2d(256, 84, ...)
   (5): Conv2d(256, 84, ...)
  )
)
```

付け替えるネットワークを作らないといけませんが、これは関数 make_conf(num_classes=4) を利用して作ります。付け替えは以下のとおりです。ネットワークの属性値 num_classes も 4 に変更しておく必要があります。

| myssd_trans.py

```
net = SSD()
net.load_state_dict(torch.load('ssd300_mAP_77.43_v2.pth'))
new_conf = make_conf(num_classes=4)
net.conf = new_conf
net.num_classes = 4
```

もう一度モデル net の構造を print してみると、正しく付け替えられていることが確認できます。

```
SSD(
  (vgg): ModuleList(
  ...
  (conf): ModuleList(
    (0): Conv2d(512, 20, ...)
    (1): Conv2d(1024, 30, ...)
    (2): Conv2d(512, 30, ...)
    (3): Conv2d(256, 30, ...)
    (4): Conv2d(256, 20, ...)
    (5): Conv2d(256, 20, ...)
  )
)
```

　次に conf 以外のネットワーク部分を凍結します。凍結は微分の情報を持た
せないことで実現できます。まず、ネットワーク全体を以下のようにして凍結
します。

▎myssd_trans.py

```
for param in net.parameters():
    param.requires_grad = False
```

　次に conf の部分だけ凍結を解除します。以下のように行います。

▎myssd_trans.py

```
for param in net.conf.parameters():
    param.requires_grad = True
```

　また、最適化関数でもクラス数の変更が必要なので、num_classes=4 の引
数を追加します。

▎myssd_trans.py

```
criterion = MultiBoxLoss(num_classes=4, device=device)
```

　学習データに関しては、ann2list.py のクラスの定義の部分を以下のよう
に変更して、本タスクでの ans2.pkl を作成します。

▌ann2list2.py

```
voc_classes = ['cat', 'dog', 'person']
```

　後は通常の学習を行います。

　推論のプログラムは、mytest.py のモデルの生成部分とクラスの定義の部
分を変更します。

▌mytest-trans.py

```
 ...
net = SSD(phase='test',num_classes=4)
 ...
voc_classes = ['cat', 'dog', 'person']
 ...
```

3.8 SSD の動画への適用

　SSD は比較的高速に物体検出ができるので、動画を多数の静止画像の集まりと見なし、各々の静止画について SSD により物体検出を行うことで、動画からの物体検出も一応は可能です。

　以下のコードは、動画ファイルから OpenCV の VideoCapture() を利用して動画を読み込み、60 フレームごとにフレームの画像をディレクトリ image_dir に保存しています（video2img.py）。これが終了したら、ディレクトリ image_dir の各画像に対して物体検出を行い、その結果をディレクトリ detect_dir に保存します（ssd-for-dir.py）。最後に detect_dir の各画像を並べて、gif ファイルを作ることで動画が完成します（gen-gif.py）。上記 3 つの実行ファイルを並べたバッチファイルを作れば、動画ファイルに対して、物体検出を行った動画ファイルを作成できます。

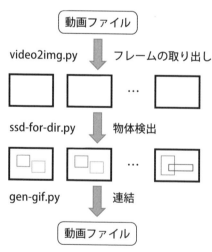

図 3.11 動画ファイルの物体検出

　上記の処理は、動画の物体検出といってもオフラインの処理です。同じ考え方で Web カメラから得られるリアル動画に対しても、SSD による物体検出が可能です。ポイントとなる処理部分だけを以下に示します（実際のコードに

は、物体検出を行う下記コードの detect が必要です)。

| myssd_video.py

```
from imutils.video import FPS, WebcamVideoStream

stream = WebcamVideoStream(src=0).start()  # default camera
fps = FPS().start()
while True:
    frame = stream.read()  # (480, 640, 3)
    key = cv2.waitKey(1) & 0xFF
    fps.update()
    frame = predict(frame) # 物体検出を行うBBox付き画像
    if key == ord('p'):  # pause
        while True:
            key2 = cv2.waitKey(1) or 0xff
            cv2.imshow('frame', frame)
            if key2 == ord('p'):  # resume
                break
    cv2.imshow('frame', frame)
    if key == 27:  # exit
        break
fps.stop()
```

　imutils は、基本的な画像処理の機能を集めたライブラリです。このライブラリの WebcamVideoStream() を使って、マシンに接続されている Web カメラから画像ストリーム stream を取り出せます。この stream に対して read() を行うと、その時点でのフレームを取り出せます。フレームは形状が (Width, Higth, Chanel) の画像なので、後はこの画像に対して物体検出の処理を行い、BBox 付きの画像を作成して、表示するだけです。

　SSD の処理は、速いとはいっても、実際に上記のプログラムを動かしてみると、リアルタイムの処理としてはやや力不足を感じます。SSD の vgg の部分が重いので、これをもっと軽い物体識別用のモデルに付け替えれば、SSD はさらに高速に動作します。SSD を高速化すれば、リアル動画からの物体検出も実用レベルで可能です。この軽い物体識別用のモデルとしては、Google が発表した MobileNet が有名です。

　MobileNet は、スマホなどの小型端末でも動作可能な、軽量かつ高性能な CNN です。MobileNet は通常の CNN が空間方向とチャンネル方向の畳み込みを同時に行うのに対して、Depthwise（空間方向）に CNN を行った後に Pointwise（チャンネル方向）に CNN を行うというのが、基本的なアイデアです。この操作によって、性能を落とすことなくパラメータ数を大幅に減らせます。

　SSD のモデルには多数の CNN が利用されているため、その部分を MobileNet に置き換えることでかなりの高速化が行えます。

　MobileNet は v1、v2、v3 とありますが、以下のサイトでは MobileNet-v1 を SSD に組み込んだモデルと、MobileNet-v2 を SSD に組み込んだモデルの学習プログラム、およびその学習済みモデルが公開されています。

```
https://github.com/qfgaohao/pytorch-ssd
```

　MobileNet-SSD の実装については、上記サイトのプログラムが参考になります。また同サイトにはリアル動画の物体検出のプログラムも公開されているので、ここではその利用方法を示します。

　まず、MobileNet-SSD のプログラム一式をコピーします。

```
$ git clone https://github.com/qfgaohao/pytorch-ssd.git
```

　pytorch-ssd というディレクトリが作成されます。その下の models ディレクトリに移り、そこに学習済みのモデルとラベルの定義ファイルをダウンロードします。

```
https://storage.googleapis.com/models-hao/mobilenet-v1-ssd-mp-0_6
75.pth
https://storage.googleapis.com/models-hao/voc-model-labels.txt
```

　pytorch-ssd のディレクトリで以下を実行します。

```
$ python run_ssd_live_demo.py mb1-ssd \
            models/mobilenet-v1-ssd-mp-0_675.pth \
            models/voc-model-labels.txt
```

　リアル動画の物体検出を高速に行えていることが確認できます。

3.9　弱教師あり学習

　現在、人工知能の中心的な手法は機械学習です。そして機械学習の基本は教師あり学習であり、ディープラーニングであってもその多くは教師あり学習です。教師あり学習は強力ですが、訓練データを構築するコストが高いという問題があります。特にディープラーニングの場合、必要とされる訓練データの量は膨大であり、問題はさらに深刻になっています。

　ディープラーニングの出現以前から、この問題は機械学習における中心的な課題であり、従来よりさまざまな取り組みがなされていました。能動学習、半教師あり学習、そしてブートストラップ系の手法は有名です。生成系の手法も関連が深いです。また、ディープラーニングが出現してからは、自己教師あり学習や転移学習が現れましたが、これらの手法もこの問題に対する手法と言えます。さらに Data Augumentation もまた、そのような手法と見なすことができます。そして近年、新たな手法のカテゴリとして、弱教師あり学習という手法が現れました。

　弱教師あり学習の定義はやや曖昧です。Zhou の論文[注6]によると、以下の 3 つのタイプのいずれかの学習データからの学習手法の総称が、弱教師あり学習となっています。

1. 一部だけにラベルが付けられた訓練データ（incomplete supervision）
2. 粗いラベルだけが付けられた訓練データ（inexact supervision）
3. ラベルの一部が正しくない訓練データ（inaccurate supervision）

　物体検出に限れば、2 番目のタイプの学習を弱教師あり学習と呼んでいるようです。具体的な問題設定としては、訓練データには物体のラベル名だけが与えられ、BBox の情報がないという設定です。この問題設定は非常に魅力的です。なぜなら物体検出の場合、画像に写っている物体のラベル名を与えるのは

注6　Zhou, Z. H.（2018）. A brief introduction to weakly supervised learning. National Science Review, 5(1), 44-53.

容易ですが、BBox の情報を与える作業コストが非常に高いからです。このような問題設定で物体検出が行うことができれば、非常に有益です。

　弱教師あり学習による物体検出については、以下のページに最新の論文とコードがまとめられています。

```
https://paperswithcode.com/task/weakly-supervised-object-
detection
```

　また国際会議 CVPR-2018 で弱教師あり学習による物体検出のチュートリアルが行われました。その際のスライドが以下で公開されています。弱教師あり学習による物体検出については、このスライドが参考になると思います。

```
https://hbilen.github.io/wsl-cvpr18.github.io/assets/wsod.pdf
```

3.10 他モデルの利用

本書では SSD を解説しました。SSD は 2016 年に発表されたものですが、続々と新しいモデルが提案され、物体検出の精度はどんどん上がっています。

ここではそれらのモデルの詳細は解説しませんが、各モデルの学習済みのモデルを利用する方法を示しておくことにします。モデルとしては YOLOv3 とM2Det を扱います。

物体検出のシステムは、大まかに**図 3.12** のような構造になっています。

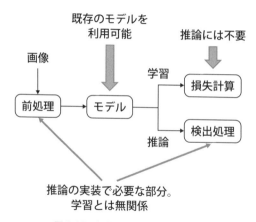

図 3.12　物体検出のシステムの構造

学習済みのモデルを使って推論処理だけを行うのであれば、実装に必要なものは前処理の部分と検出処理の部分だけです。結局、モデルの forward の部分の入出力だけを把握できれば、学習済みのモデルを使うのは簡単です。

3.10.1　YOLOv3

YOLO[注7]は、SSD と人気を二分する物体検出のアルゴリズムです。最初に発表されたのは 2016 年で、YOLOv1 と呼ばれています。その後 2017 年に

注7　YOLO は "You Only Look Once" の略ですが、"You Only Live Once（人生は一度きり）" というスラングをもじったものだと言われています。

YOLOv2（YOLO9000）に改良され、2018 年に YOLOv3 が発表されました。2020 年の 4 月に YOLOv4 の論文も発表されましたが、まだ YOLOv3 が主流です。

YOLO の利用法については、以下の公式サイトに詳しいです。

```
https://pjreddie.com/darknet/yolo/
```

ここでは簡潔な実装を行っている以下の Web ページを参考にします。

```
https://github.com/eriklindernoren/PyTorch-YOLOv3
```

まず上記のサイトからインストールします。

```
$ git clone https://github.com/eriklindernoren/PyTorch-YOLOv3.git
```

図 3.13 のようなディレクトリ構造が得られます。推論に必要なファイルはこの図に示した 4 つのファイル yolov3.cfg、coco.names、utils.py、models.py です。

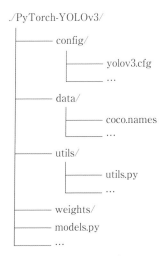

図 3.13 PyTorch-YOLOv3 のディレクトリ構造

　YOLOv3 のモデル（yolov3.weights）を公式サイトからダウンロードして、ディレクトリ weights の下に置きます。

```
https://pjreddie.com/media/files/yolov3.weights
```

　上記の設定で YOLOv3 のモデル（yolov3.weights）を使って物体検出を行ってみましょう。PyTorch-YOLOv3 をインストールすると detect.py というファイルがあるので、それを使ってもよいのですが、入出力さえ押さえておけば簡単なので、自前で作ってみます。

　まず、モデルの読み込みは以下のように行います。

▌myyolo_test.py

```python
from models import Darknet
from utils.utils import *

net = Darknet('config/yolov3.cfg')
net.load_darknet_weights('weights/yolov3.weights')
```

　モデルに入力する画像を (3,416,416) の形状に変形します。正規化も行い、tensor にも直しておきます。

▌myyolo_test.py

```python
import torch
import torch.nn as nn
import numpy as np
import cv2

image = cv2.imread('mydog.jpg', cv2.IMREAD_COLOR)
# 255.0で割って正規化しておく
x = cv2.resize(image, (416, 416)).astype(np.float32) / 255.0
x = x[:, :, ::-1].copy()      # BGRをRGBへ
x = x.transpose(2, 0, 1)      # [416,416,3]→ [3,416,416]
x = torch.from_numpy(x)       # tensorに変換
x = x.unsqueeze(0)            # batch_sizeは1
```

モデルの出力を関数 non_max_suppression に与えることで、検出結果が
得られます。

▌myyolo_test.py

```
y = net(x)
y = non_max_suppression(y, conf_thres=0.001, nms_thres=0.5)
```

上記の出力 y は、形状が (batch_size, detect_n, 7) の tensor です。
detect_n で検出数を表します。各検出は以下の 7 次元ベクトルです。

    (x1, y1, x2, y2, object_conf, class_score, class_pred)

object_conf の値が信頼度なので、この部分の値が閾値以上であればその
検出結果を表示すればよいわけです。
myyolo_test.py として以下のようにまとめました。

▌myyolo_test.py

```
import sys
import torch
import torch.nn as nn
import numpy as np
import cv2
from matplotlib import pyplot as plt
from models import Darknet
from utils.utils import *

argvs = sys.argv
argc = len(argvs)

net = Darknet('config/yolov3.cfg')
net.load_darknet_weights('weights/yolov3.weights')
labels = load_classes('data/coco.names')

image = cv2.imread(argvs[1], cv2.IMREAD_COLOR)
rgb_image = cv2.cvtColor(image, cv2.COLOR_BGR2RGB)
```

```
x = cv2.resize(image, (416, 416)).astype(np.float32) / 255.0
x = x[:, :, ::-1].copy()  # BGRをRGBへ
x = x.transpose(2, 0, 1)  # [416,416,3]→ [3,416,416]
x = torch.from_numpy(x)
x = x.unsqueeze(0)


net.eval()
with torch.no_grad():
    y = net(x)
    y2 = non_max_suppression(y, conf_thres=0.001, nms_thres=0.5)
    detections = y2[0]
    ##  (x1, y1, x2, y2, object_conf, class_score, class_pred)


plt.figure(figsize=(10,6))
colors = plt.cm.hsv(np.linspace(0, 1, len(labels)+1)).tolist()
plt.imshow(rgb_image)
currentAxis = plt.gca()
scale = torch.Tensor(rgb_image.shape[1::-1]).repeat(2) / 416.0


for rk in range(len(detections)):
    # 確信度confが0.8以上のボックスを表示
    if (detections[rk,4] >= 0.8):
        print(detections[rk])
        score = detections[rk,4].item()
        label_pred = int(detections[rk,6].item())
        print(label_pred)
        label_name = labels[label_pred]
        display_txt = '%s: %.2f'%(label_name, score)
        pt = (detections[rk,:4]*scale).cpu().numpy().astype(np.int32)
        coords = (pt[0], pt[1]), pt[2]-pt[0]+1, pt[3]-pt[1]+1
        color = colors[label_pred]  ## クラスごとに色が決まっている
        currentAxis.add_patch(plt.Rectangle(*coords, fill=False,
                                            edgecolor=color, linewidth=2))
        currentAxis.text(pt[0], pt[1], display_txt,
                        bbox={'facecolor':color, 'alpha':0.5})
    else:
        # 信頼度でソートされているので、0.8以下になったら、即、終わり
        break
```

```
plt.show()
```

以下は実行例です。

```
$ python myyolo_test.py mydog.jpg
```

図 3.14 YOLO の実行結果

3.10.2 M2Det

M2Det は、AAA-19 という人工知能の国際会議において、北京大学、アリバ
バ、テンプル大学の合同チームにより発表された物体検出手法です。SSD や
YOLO よりも精度が高く、少なくとも 2019 年の前半では最強の物体検出器と
言われていました。

M2Det もコードや学習済みモデルが公開されているので、推論に利用する
だけなら簡単です。

まず以下でソースコードをダウンロードします。

```
$ git clone https://github.com/qijiezhao/M2Det.git
```

さらに nms と coco tools をコンパイルするために以下を実行します。

```
$ sh make.sh
```

これでインストールは終わりですが、最後のコンパイルは Windows 環境では行えないので、Windows にインストールする場合は、少し手間がかかります。

まず faster-RCNN を Windows 環境にインストールするサイト（py-faster-rcnn-windows）にあるファイルを取ってきます。git で取ってくれば簡単です。

```
$ git clone https://github.com/MrGF/py-faster-rcnn-windows
```

以下の 3 つのファイルを M2Det のそれぞれの場所にコピーします。

```
$ copy py-faster-rcnn-windows\lib\setup.py M2Det\utils\
$ copy py-faster-rcnn-windows\lib\setup_cuda.py M2Det\utils\
$ copy py-faster-rcnn-windows\lib\nms\gpu_nms.cu M2Det\utils\nms\
```

次に、先ほど最初にコピーした M2Det\utils\setup.py の 61 行目は以下のようになっています。

```
for k, v in cudaconfig.iteritems():
```

これを以下のように変更します。

```
for k, v in cudaconfig.items():
```

さらに 128 行目から 136 行目の以下の箇所をコメントアウトします。

```
Extension(
    "utils.cython_bbox",
    sources=["utils\\bbox.pyx"],
```

```
    #define_macros='/LD',
    #extra_compile_args={'gcc': ['/link', '/DLL',
'/OUT:cython_bbox.dll']},
    #extra_compile_args={'gcc': ['/LD']},
    extra_compile_args={'gcc': []},
    include_dirs = [numpy_include]
),
```

　続いて先ほど最初にコピーした M2Det\utils\setup_cuda.py の 14 行目
にある nvcc_compile_args のリスト中の'-O'を'-O2'に変更します。
　また 100 行目に以下の文があります。

```
elif c == 'cublas.lib': cmd[idx] = '-lcublas' # l-100
```

　この行の次の行に以下を挿入します。変更ではなく 1 行追加なので注意して
ください。

```
elif ',ID=2' in c: cmd[idx] = c[0:len(c)-5]
```

　最後に M2Det/utils の下で、以下を実行してコンパイルします。

```
$ python setup.py build_ext --inplace
$ python setup_cuda.py build_ext --inplace
```

　以上で make.sh に対応する処理が Windows で完了します。これで M2Det
がインストールされました。
　推論を行ってみます。まず学習済みのモデル m2det512_vgg.pth をダウン
ロードして、ディレクトリ weights の下に置きます。ダウンロードは Baidu
Cloud と Google Drive で提供されているので、M2Det のホームページからた
どってください。

https://github.com/qijiezhao/M2Det

　学習済みのモデルの配置が完了したら、imgs のディレクトリの下に検出対象のファイルを置き、以下で demo.py を実行できます。

```
$ python demo.py -c=configs/m2det512_vgg.py -m=weights/m2det512_vgg.pth
--show
```

　検出結果が表示されて、imgs にその検出結果の画像が保存されます。

図 3.15　M2Det の実行結果

3.10.3　Detectron2

　Detectron2 は、Facebook 社の AI 研究グループ（FAIR）が開発している PyTorch 用の物体検出やセグメンテーションのライブラリです[注8]。基本のアルゴリズムは R-CNN 系です[注9]。デモプログラムの demo.py が一緒に配布されており、これを使えば、簡単に物体検出やセグメンテーション、あるいは動画に対する物体検出などが行えます。

　Detectron2 は Linux 用であり、正式には Windows には対応していません

注8　同様のライブラリとして MMDetection もあり、人気を二分しています。

注9　ディープラーニングを用いた物体検出のアルゴリズムは大きく SSD 系、YOLO 系、そしてこの R-CNN 系の 3 つであると言われています。

が、PyTorch のバージョンが 1.3 の下でなら Windows 上でも動かせます。1.4
でも動作は確認できました。現在の PyTorch のバージョンは 1.5 であり、1.5
ではまだ動かすことはできませんが、将来、動かせるようになるとは思います。

　ここでは PyTorch のバージョンを以下により 1.4 に落とすことで、
Detectron2 を Windows で動かしてみます。

```
$ pip install torch===1.4.0 torchvision===0.5.0 -f
https://download.pytorch.org/whl/torch_stable.html
```

　PyTorch のバージョンを 1.3 あるいは 1.4 の下で Detectron2 を Windows に
インストールするには、以下のページを参照してください。

```
https://github.com/conansherry/detectron2
```

　上記のページに書かれているように、手作業で 2 つのファイルを書き換える
必要があります。1 つ目のファイルは以下の argument_spec.h です。

```
{your evn path}\Lib\site-packages\torch\include\
torch\csrc\jit\argument_spec.h
```

このファイルの 161 行目の

```
    static constexpr size_t DEPTH_LIMIT = 128;
```

を以下のように書き換えます。

```
static const size_t DEPTH_LIMIT = 128;
```

　もう 1 つのファイルは以下の cast.h です。

```
{your evn path}\Lib\site-packages\torch\include\ pybind11\cast.h
```

このファイルの 1449 行目の

```
explicit operator type&() { return *(this->value); }
```

を以下のように書き換えます。

```
explicit operator type&() { return *((type*)this->value); }
```

なお、上記の{your evn path}というのは、Python がインストールされて
いるディレクトリです。Anaconda3 を使っているのなら、Anaconda3 という
ディレクトリになります。

上記のファイルの書き換えが済んだら、ソースコードを取得してビルドし
ます。ビルドには少し時間がかかります。念のため、最初に Cython もインス
トールしておいた方がよいでしょう。

```
$ pip install cython
$ git clone https://github.com/conansherry/detectron2
$ cd detectron2
$ python setup.py build develop
```

demo.py を動かすためには fvcore と pycocotools もインストールする必要
があります。fvcore のインストールは簡単です。

```
$ pip install fvcore
```

pycocotools を Windows にインストールするのは少し面倒です。
まず、COCO API を GitHub から取得します。

```
$ git clone https://github.com/cocodataset/cocoapi.git
```

次に cocoapi/PythonAPI/setup.py を一部書き換えます。このファイル
の 12 行目にある extra_compile_args の部分は以下のようになっています。

```
extra_compile_args=['-Wno-cpp', '-Wno-unused-function', '-std=c99'],
```

これを以下のように書き換えます。

```
ext_modules = [
  Extension(
    'pycocotools._mask',
    sources=['../common/maskApi.c', 'pycocotools/_mask.pyx'],
    include_dirs = [np.get_include(), '../common'],
    extra_compile_args=[],
  )
],
```

この書き換えが済んだら、以下のように COCO API のインストールを実行できます。

```
$ python setup.py build_ext install
```

COCO API をインストールしたら、pycocotools を以下のとおりインストールルできます。

```
$ pip install pycocotools
```

以上で demo.py を動かせるようになります。ディレクトリ configs の下にいろいろと利用できるモデルの設定ファイルがあります。ここでは configs/COCO-Detection/にある faster_rcnn_R_50_FPN_3x.yaml を使ってみましょう。

物体検出用の faster_rcnn_R_50_FPN_3x というモデルが必要です。これは以下のサイト（Detectron2 Model Zoo and Baselines）から取得できます。

```
https://github.com/conansherry/detectron2/blob/master/
MODEL_ZOO.md
```

このサイトでは Detectron2 で使えるさまざまなモデルが提供されています。上記ページの「COCO Object Detection Baselines」の「Faster R-CNN」の表の中にある「R50-FPN」のモデルをダウンロードしてください（**図 3.16**）。model_final_280758.pkl というファイルがダウンロードされます。

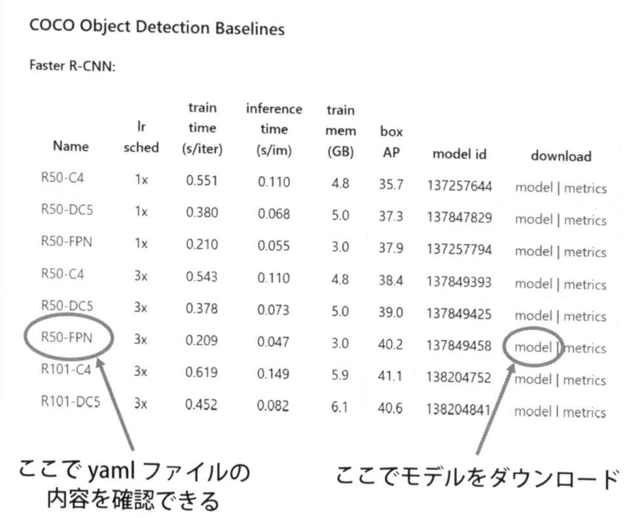

COCO Object Detection Baselines

Faster R-CNN:

Name	lr sched	train time (s/iter)	inference time (s/im)	train mem (GB)	box AP	model id	download
R50-C4	1x	0.551	0.110	4.8	35.7	137257644	model | metrics
R50-DC5	1x	0.380	0.068	5.0	37.3	137847829	model | metrics
R50-FPN	1x	0.210	0.055	3.0	37.9	137257794	model | metrics
R50-C4	3x	0.543	0.110	4.8	38.4	137849393	model | metrics
R50-DC5	3x	0.378	0.073	5.0	39.0	137849425	model | metrics
R50-FPN	3x	0.209	0.047	3.0	40.2	137849458	model | metrics
R101-C4	3x	0.619	0.149	5.9	41.1	138204752	model | metrics
R101-DC5	3x	0.452	0.082	6.1	40.6	138204841	model | metrics

ここで yaml ファイルの
内容を確認できる

ここでモデルをダウンロード

図 3.16　Detectron2 Model Zoo and Baselines

モデルのファイルと対象の画像 mydog.png を適当なディレクトリ（ここでは demo の下）に置いて、detectron2 の下で以下のように実行します（紙面の都合で複数行で書いていますが、1 行で書いてください）。

```
$ python demo/demo.py
  --config-file
    configs/COCO-Detection/faster_rcnn_R_50_FPN_3x.yaml
  --input demo/mydog.png
  --opts MODEL.DEVICE cuda
        MODEL.WEIGHTS demo/model_final_280758.pkl
```

検出結果が**図 3.17** のように表示されます。他のモデルの検出結果とは異なり、bench も検出されています。上記ではデバイスの設定を cuda としていま

すが、GPU のないマシンであればこの部分を cpu としてください。

図 3.17 Detectron2 による検出結果

demo.py はほかにもセグメンテーションや動画からの物体検出にも使えます。-h オプションで確認できます。

```
$ python demo/demo.py -h
```

また、最初に述べたように Detectron2 はライブラリですので、さまざまな物体検出用の API が用意されています。以下にドキュメントがあります。チュートリアルも用意されており、充実しています（**図 3.18**）。Detectron2 は有用なライブラリなので、ぜひ使ってみてください。

```
https://detectron2.readthedocs.io/index.html
```

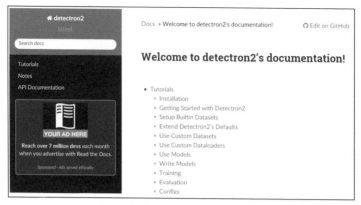

図 3.18 Detectron2 のドキュメント

付録 A

プログラミング環境の
構築（Windows）

　この付録では、Windows 上で PyTorch のプログラミングを行うために必要なツールのインストールについて説明します。

 **Anaconda**

　Anaconda は、データサイエンスや機械学習関連アプリケーションのためのPython のディストリビューションです。簡単に言えば、ディープラーニング等の機械学習に必要なパッケージが予めインストールされている Python です。以下がダウンロードの URL です。

```
https://www.anaconda.com/products/individual
```

　ここから Python 3.7 の「64-Bit Graphical Installer（466 MB）」をダウンロードして、ダウンロードしたファイルをクリックすればインストールできます。

 git

　公開プログラムは GitHub に置かれていることが多いです。この GitHub からプログラム一式をダウンロードするには、git というプログラムを使うのが一般的です。
　ダウンロードするには、クローン元の URL を知らないといけません。GitHub のその Web ページを開いて、［clone or download］のボタンをクリックすると、クローン元の URL を得られます。以下のコマンドに URL を指定すると、プログラム一式をダウンロードできます。

```
$ git clone 得たURL
```

［clone or download］のボタンをクリックしたときに「Download ZIP」と出ることもあり、そこをクリックしてもプログラム一式をダウンロードできますが、URL がわかっていたら git を使う方が簡単です。

git の Windows 版は、以下からダウンロードしてインストールできます。

```
https://gitforwindows.org/
```

A.3 wget

Web 上に置かれたファイルをダウンロードするのに汎用的に使えるコマンドが、wget です。さまざまなオプションがあり、これ 1 つでクローリングさえ可能です。

wget の Windows 版は、以下からダウンロードしてインストールできます。

```
http://gnuwin32.sourceforge.net/packages/wget.htm
```

上記ページの Binaries と Dependencies をダウンロードして、展開したファイルを同一のディレクトリに置き、そこに PATH を通してください。

A.4 CUDA

自分のマシンに NVIDIA 社の GPU が搭載されているのであれば、CUDA をインストールすることで、PyTorch から GPU を利用できます。ディープラーニングの学習プログラムを実際に動かすためには GPU は必須です。

ただし、CUDA を Windows にインストールするのは少々面倒です。以前にうまくいった手順でも、バージョンが少し違うだけで失敗することがありますので、CUDA のバージョンには注意してください。また、MSVC ビルドツー

ルのインストールも必要になりますが、MSVC ビルドツールのバージョンの違いでも影響があります。

本書執筆時点（2020 年 5 月 19 日）での CUDA Toolkit の最新バージョンは 10.2 です。本書ではこのバージョンの CUDA のインストールについて解説します。この CUDA Toolkit 10.2 のインストールに対応している MSVC ビルドツールは、「Build Tools for Visual Studio 2019」です。

まず、「Build Tools for Visual Studio 2019」を以下のサイトからインストールします。

```
https://visualstudio.microsoft.com/ja/downloads/
```

上記のサイトの「すべてのダウンロード」の「Visual Studio 2019 のツール」の下に出てくる「Build Tools for Visual Studio 2019」の［ダウンロード］ボタンをクリックします。`vs_buildtools__2077390584.1585632513.exe` というファイルがダウンロードされるので、これを実行します。

実際のインストールの流れとしては、以下のとおりです。

1. 自動で Visual Studio Installer がインストールされる
2. Visual Studio Installer が起動する
3. この画面で、左上の「C++ Build Tools」をチェックして、インストールを進める

3. の部分がわかりづらいので注意ください。

「Build Tools for Visual Studio 2019」のインストールが完了したら、次に CUDA Toolkit 10.2 のインストールを行います[注1]。以下の Web ページに行き、自身の環境を選択していけばインストールのためのコマンドが示されるので、それを実行することでインストールできます。

注1　現在（2020 年 7 月 24 日）の CUDA Toolkit の最新バージョンは 11.0 ですが、PyTorch の方ではまだ正式にサポートされていません。そのため、ここでは 10.2 を入れています。10.2 は以下の URL からダウングレードしてください。
　　`https://developer.nvidia.com/cuda-10.2-download-archive`

```
https://developer.nvidia.com/cuda-downloads
```

A.5 PyTorch

PyTorch のダウンロード先の URL は以下です。

```
https://pytorch.org/get-started/locally/
```

　自分の環境を選択していくと「Run this Command:」の部分にインストールするためのコマンドが表示されるので、これをコピーして実行してください（**図 A.1**）。

PyTorch Build	Stable (1.5.1)		Preview (Nightly)	
Your OS	Linux	Mac	Windows	
Package	Conda	Pip	LibTorch	Source
Language	Python		C++ / Java	
CUDA	9.2	10.1	10.2	None
Run this Command:	pip install torch===1.5.1 torchvision===0.6.1 -f https://download.pytorch.org/whl/torch_stable.html			

図 A.1　PyTorch のインストールコマンドの設定

　図 A.1 の画面で「Stable（1.5.1）」「Windows」「Pip」「Python」「10.2」と選択すると、「Run this Command:」の部分には以下が表示されます。

```
pip install torch===1.5.1 torchvision===0.6.1 -f https://download.
pytorch.org/whl/torch_stable.html
```

　Anacoda Prompt を立ち上げ、上記のコマンドを実行することで、PyTorchをインストールできます。

参考文献

PyTorch に関しては、総本山である以下のページが強力です。

```
https://pytorch.org/
```

ここにあるマニュアル（`https://pytorch.org/docs/stable/index.html`）とチュートリアル（`https://pytorch.org/tutorials/`）でほとんどの情報は得られます。

物体検出に関するチュートリアルも用意されています。

```
https://pytorch.org/tutorials/intermediate/
torchvision_tutorial.html
```

使っているモデルは SSD ではなく、Mask R-CNN という Faster R-CNN をベースとしたモデルが解説されています。

日本語の書籍としては、以下が非常に優れています。

● 『つくりながら学ぶ！ PyTorch による発展ディープラーニング 』小川雄太郎（著）、マイナビ出版（2019）、ISBN-13：978-4839970253

この本の第 2 章で SSD が解説されています。基本的にオリジナルのコードに沿った実装と解説を行っています。

また、以下の書籍の第 7 章でも SSD が解説されています。これも基本的にオリジナルのコードに沿った実装と解説です。

● 『PyTorch ニューラルネットワーク実装ハンドブック』宮本圭一郎、大川洋平、毛利拓也（著）、秀和システム（2018）、ISBN-13：978-4798055473

　オリジナルのソースコードは若干古く、どちらの本もその古いコードをそのまま利用している部分があるために、警告が表示される箇所があります（本書においてはそれらに対処しています）。

　最も参考になったのはオリジナルのコードです。

　　https://github.com/amdegroot/ssd.pytorch

　コードには多くのコメントが付けられており、コードと一緒にコメントを読めば、ほとんどの動きは理解できます。

INDEX

〈著者略歴〉

新納浩幸（しんのう　ひろゆき）

1961 年生まれ。
1985 年　東京工業大学理学部情報科学科卒業
1987 年　東京工業大学大学院理工学研究科情報科学専攻修士課程修了
現在、茨城大学工学部情報工学科教授、博士（工学）。専門は自然言語処理。

〈主な著書〉
『数理統計学の基礎―よくわかる予測と確率変数』森北出版（2004）
『入門 RSS―Web における効率のよい情報収集 / 発信』
毎日コミュニケーションズ（2004）
『Excel で学ぶ確率論』オーム社（2004）
『入門 Common Lisp―関数型 4 つの特徴と λ 計算』毎日コミュニケーションズ（2006）
『R で学ぶクラスタ解析』オーム社（2007）
『Chainer による実践深層学習』オーム社（2016）
『ニューラルネットワーク自作入門』
(Tariq Rashid 著) 監修・翻訳　マイナビ出版（2017）
『Chainer v2 による実践深層学習』オーム社（2017）

- 本書の内容に関する質問は、オーム社ホームページの「サポート」から、「お問合せ」の「書籍に関するお問合せ」をご参照いただくか、または書状にてオーム社編集局宛にお願いします。お受けできる質問は本書で紹介した内容に限らせていただきます。なお、電話での質問にはお答えできませんので、あらかじめご了承ください。
- 万一、落丁・乱丁の場合は、送料当社負担でお取替えいたします。当社販売課宛にお送りください。
- 本書の一部の複写複製を希望される場合は、本書扉裏を参照してください。

JCOPY ＜出版者著作権管理機構 委託出版物＞

PyTorch による物体検出

2020 年 9 月 20 日　　第 1 版第 1 刷発行

著　　者　新納浩幸
発行者　村上和夫
発行所　株式会社 オーム社
　　　　郵便番号　101-8460
　　　　東京都千代田区神田錦町 3-1
　　　　電話　03(3233)0641(代表)
　　　　URL　https://www.ohmsha.co.jp/

© 新納浩幸 2020

組版　トップスタジオ　　印刷・製本　壮光舎印刷
ISBN978-4-274-22593-2　Printed in Japan

本書の感想募集　https://www.ohmsha.co.jp/kansou/
本書をお読みになった感想を上記サイトまでお寄せください。
お寄せいただいた方には、抽選でプレゼントを差し上げます。

オーム社の機械学習／深層学習シリーズ

縦書き：Chainer v2を使って、深層学習の実装方法を解説！

Chainer v2による実践深層学習

【このような方におすすめ】
・深層学習を勉強している理工系の大学生
・データ解析を業務としている技術者

● 新納 浩幸 著
● A5判・208頁
● 定価(本体2,500 円【税別】)

機械学習と深層学習
―C言語によるシミュレーション―

【このような方におすすめ】
・初級プログラマ
・ソフトウェアの初級開発者（生命のシミュレーション等）
・経営システム工学科、情報工学科の学生
・深層学習の基礎理論に興味がある方

● 小高 知宏 著
● A5判・232頁
● 定価(本体2,600 円【税別】)

縦書き：機械学習の諸分野をわかりやすく解説した一冊！

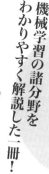

縦書き：深層強化学習のしくみを具体的に説明！

強化学習と深層学習
―C言語によるシミュレーション―

【このような方におすすめ】
・初級プログラマ・ソフトウェアの初級開発者
　（ロボットシミュレーション、自動運転技術等）
・強化学習 / 深層学習の基礎理論に興味がある人
・経営システム工学科 / 情報工学科の学生

● 小高 知宏 著
● A5判・208頁
● 定価(本体2,600 円【税別】)

もっと詳しい情報をお届けできます.
◎書店に商品がない場合または直接ご注文の場合も
右記宛にご連絡ください.

ホームページ https://www.ohmsha.co.jp/
TEL／FAX TEL.03-3233-0643 FAX.03-3233-3440

(定価は変更される場合があります)

F-1711-227